U0299641

防水材料行业
污染防治及案例分析

李子秀　方　刚　周长波　等著

中国建筑工业出版社

图书在版编目（CIP）数据

防水材料行业污染防治及案例分析 / 李子秀等著
. — 北京：中国建筑工业出版社，2021.6
ISBN 978-7-112-26175-8

Ⅰ.①防… Ⅱ.①李… Ⅲ.①防水材料—材料工业—污染防治 Ⅳ.① X788

中国版本图书馆 CIP 数据核字（2021）第 093433 号

责任编辑：杜　洁
责任校对：姜小莲

防水材料行业污染防治及案例分析

李子秀　方　刚　周长波　等著

*

中国建筑工业出版社出版、发行（北京海淀三里河路 9 号）
各地新华书店、建筑书店经销
北京建筑工业印刷厂制版
北京建筑工业印刷厂印刷

*

开本：787 毫米 ×1092 毫米　1/32　印张：4　字数：87 千字
2021 年 6 月第一版　　2021 年 6 月第一次印刷
定价：**28. 00** 元
ISBN 978-7-112-26175-8
（37644）

撰写委员会名单

主要撰写人：李子秀　方　刚　周长波
　　　　　　林雨琛

撰　写　人：党春阁　韩兰梅　郭亚静

前　言

防水材料行业是我国建筑工程中的重要组成部分，关乎建筑安全和百姓民生。近年来随着国民经济、建筑市场的刚性需求以及全球一体化的融合发展，防水材料行业规模不断壮大，我国防水行业取得了长足的发展，逐步发展形成了"材料品种齐全，辅助材料和备配件基本配套，生产技术装备不断更新，施工工艺和水平稳步提高，行业自动化和绿色发展水平日益提升"的新局面。

当前，我国防水行业年产值约2500亿元，建筑防水材料（主要是防水卷材和防水涂料）生产和施工企业在4000多家，规模在年销售额2000万元以上的企业700余家，具有建筑防水施工资质的企业12589家（目前资质包括防水、防腐和保温）。2020年，预计建筑防水材料的总产量约为25.16亿 m^2，同比增长3.6%。其中，改性沥青类防水卷材占总量的百分比从2005年的23.5%逐步提升至2020年的62.26%，占据主导地位，也将会是今后数十年内的主导产品。

防水材料行业在不断推动我国经济发展的同时，也暴露出较为严重的环境污染问题。我国防水材料生产企业众多，多数企业规模小，市场集中度低，管理和技术水平落后，生产过程中环境污染和能源浪费问题更加突出，不仅影响企业周围的环境空气质量，排放有毒有害物质，还直接威胁着人们的身体健康和生命安全，对大气环境质量的改善带来较大压力。在所有防水材料中，防水卷材生产和应用最为广泛，而其中的沥青基防水卷材更是占比最大，相当于占了全部防水材料产量的一半以上。沥青防水卷材生产的主要原材料包括胎基、沥青聚合物改性剂、助剂和填充料等，其生产过程中沥青加热、粉料投料、搅拌、浸涂过程排放沥青烟、粉尘、挥发性有机污染物、苯并（a）芘等大气污染物，对环境和人体健康造成严重影响。当前在绿色发展的时代形势下，国家进一步强化大气污染治理、出台一系列环保政策，防水材料行业面临着严峻的环保形势和压力，为满足日益严格的环保要求，不断提升防水材料生产的资源能源利用率、减少生产过程中的污染物产生和排放，众多防水材料企业也希望通过推动技术升级实现污染减排，但目前行业整体偏重末端治理，技术市场鱼龙混杂，存在关键障碍和薄弱环节，需对防水产品全生命周期、对产品生产全过程的绿色化提出严格要求和控制方案措施，以此促进行业绿色发展。

本书分析了我国防水材料行业发展现状及问题、行业生产工艺及产排污环节特点，系统整理了有关防水材料行业的政策法规、标准规范等，分析提出了源头削减、过程控制、末端治理的清洁生产技术和方案，并收集分析了地方案例，在环保与绿色发展的新形势下，从行业污染防治与清洁生产的角度为行业提出全过程环境治理技术与环境提升方案，推动防水材料行业可持续发展与经济效益、社会效益和环境效益协调统一。我们相信，本书的出版将为防水材料行业清洁技术进步提供一定借鉴和参考，促进行业企业主动改进生产工艺装备，提高生产效率和经济效益，持续降低能源和资源消耗，主动承担节能减排的社会责任，实现新时期绿色低碳发展。

本书由中国环境科学研究院清洁生产与循环经济研究中心李子秀高级工程师、周长波研究员等共同主持撰写，李子秀、方刚、林雨琛负责全书统稿和整体修改工作。第1章防水材料行业发展概况，主要由党春阁、郭亚静撰写；第2章防水材料行业政策标准及技术规范，主要由林雨琛、李子秀撰写；第3章防水材料行业生产工艺及产排污分析，主要由韩桂梅、方刚撰写；第4章防水材料行业全过程污染防治技术措施与方案，主要由李子秀、党春阁撰写；第5章案例分析，主要由方刚、郭亚静撰写。感谢原中国建筑科学研究院结构所副总工程师冯胜利、中国建筑防水协会副秘书长尚华胜、原环境保护部清洁生产中心主任于秀玲等专家在本书的撰写过程中提供的宝贵意见，感谢中国建筑出版传媒有限公司（中国建筑工业出版社）在本书出版过程中提供的诸多建议和指导。

受水平所限，本书所做分析及技术案例参考了诸多文献，书中不足之处在所难免，恳请广大读者批评指正。

2021 年 2 月

目　录

第1章　防水材料行业发展概况 ······················ 001

1.1　防水材料的定义及分类 ······················ 001

1.1.1　防水材料的定义 ······················ 001

1.1.2　防水材料的分类 ······················ 001

1.2　我国防水材料行业发展历程 ·················· 004

1.3　防水材料行业发展现状 ······················ 005

1.4　防水材料行业发展的主要问题 ················ 009

第2章　防水材料行业政策标准及技术规范 ·········· 012

2.1　产业政策 ································ 012

2.1.1　部分工业行业淘汰落后生产工艺装备和
产品指导目录（2010年本）·············· 012

2.1.2　产业结构调整指导目录（2019年本）······ 013

2.1.3　建筑防水行业"十三五"发展规划 ········· 014

2.1.4　关于印发《促进绿色建材生产和应用
行动方案》的通知 ···················· 014

2.1.5　不符合首都功能定位的高污染工业行业
调整、生产工艺和设备退出指导目录
（第一批）·························· 015

2.1.6 北京市推广、限制和禁止使用建筑材料目录
(2018 年版) ················· 015

2.1.7 关于促进建材工业稳增长调结构增效益的
指导意见 ················· 017

2.1.8 建材行业规范公告管理办法 ············· 018

2.1.9 建筑防水卷材行业准入条件（2019 年 11 月
26 日废止） ················· 019

2.2 环境保护政策 ················· 024

2.2.1 防水卷材行业大气污染物排放标准 ········· 024

2.2.2 沥青基防水卷材单位产品能源消耗限额 ······· 026

2.2.3 2020 年工业节能监察重点工作计划 ········· 028

2.2.4 "十三五"节能减排综合工作方案 ········· 028

2.2.5 中国节水技术政策大纲 ·············· 030

2.3 防水材料行业其他相关标准 ·············· 030

2.3.1 弹性体改性沥青防水卷材（GB 18242—2008）··· 033

2.3.2 塑性体改性沥青防水卷材（GB 18243—2008）··· 035

2.3.3 氯化聚乙烯防水卷材（GB 12953—2003）····· 037

2.3.4 聚氯乙烯（PVC）防水卷材（GB 12952—2011）··· 040

2.3.5 改性沥青聚乙烯胎防水卷材（GB 18967—2009）··· 042

第 3 章 防水材料行业生产工艺及产排污分析 ············· 045

3.1 防水材料生产工艺及产排污环节 ·············· 045

3.1.1 沥青类防水卷材 ················· 045

3.1.2 沥青类防水涂料 ················· 049

3.1.3 高分子防水卷材 ················· 049

3.1.4 防水涂料 ·· 050

3.2 防水卷材行业主要污染物 ·························· 051

3.2.1 沥青类防水卷材 ·································· 051

3.2.2 高分子防水卷材 ·································· 053

3.2.3 防水涂料 ·· 054

第4章 防水材料行业全过程污染防治技术措施与方案 ······· 055

4.1 源头替代 ·· 055

4.1.1 选用高等级国标石油沥青 ·················· 056

4.1.2 不使用废机油作为软化油 ·················· 056

4.1.3 采用SBS热塑性弹性体、APP塑性体等作石油沥青改性剂 ································ 057

4.1.4 禁止劣质废橡胶粉的使用 ·················· 057

4.1.5 助剂研发 ·· 057

4.1.6 绿色能源 ·· 058

4.2 过程控制 ·· 058

4.2.1 生产工艺控制技术 ···························· 059

4.2.2 节能设备设施 ·································· 060

4.3 末端治理 ·· 061

4.3.1 沥青烟气治理技术 ···························· 061

4.3.2 废水 ·· 066

4.3.3 固废 ·· 067

4.4 提升方案 ·· 068

4.4.1 基本原则 ·· 068

4.4.2 工作目标 ·· 068

4.4.3　工作方案 ·· 069

第5章　案例分析 ·· 082

5.1　A地区防水卷材企业集群全过程环境整治
　　提升案例 ·· 082
　5.1.1　现场诊断 ·· 082
　5.1.2　主要问题 ·· 086
　5.1.3　总体建议 ·· 088
5.2　B地区防水卷材企业集群全过程环境整治
　　提升案例 ·· 089
　5.2.1　现场诊断 ·· 090
　5.2.2　主要问题 ·· 096
　5.2.3　总体建议 ·· 097

附录 ·· 100

参考文献 ·· 110

第1章 防水材料行业发展概况

1.1 防水材料的定义及分类

1.1.1 防水材料的定义

建筑物的围护结构要防止雨水、雪水、地下水的渗漏和渗透，防止空气中的湿气、蒸汽和其他有害气体与液体的侵蚀，这些防渗透、渗漏和侵蚀的材料统称为防水材料。防水材料在我们日常生活中随处可见，其用处广泛、种类繁多。

防水材料按照性状划分为防水卷材、防水涂料及刚性防水材料。防水卷材包括：沥青类防水卷材、高分子类防水卷材。防水涂料包括：沥青类防水涂料、聚氨酯防水涂料、聚合物乳液类防水涂料及刚性防水涂料。刚性防水材料，主要指抗渗混凝土和水泥防水砂浆。

防水材料主要用于建筑物的地下室、屋面、楼地面、墙体，以及隧道、桥面、公路、垃圾填埋场等处。

1.1.2 防水材料的分类

1. 防水卷材

（1）沥青类防水卷材

以高聚物（SBS、APP 等）改性沥青为主要原料，以聚酯纤维毡（有胎卷材）或高分子膜（无胎卷材）为结构增强材料制造而成的可卷曲片状防水材料。沥青类防水卷材可采用热熔法、自粘法、湿铺法及预铺法施工。作为最重要的防水材料原料，沥青一直受到重视，预计30年内在全世界范围内其市场地位不会动摇。近一二十年来，随着石油沥青应用领域不断扩展以及建筑防水行业的进步，改性沥青防水材料市场成为国内一个快速崛起的产业，其使用范围越来越广泛，从通常的各类地面建筑，已经拓展到轨道交通工程、地下管廊工程、地下空间、高架桥梁等，用量大幅增长。据估算，目前我国防水沥青的消耗量在400万～500万t/a，约占沥青表观消费量的14%左右。

（2）高分子类防水卷材

以合成橡胶、合成树脂或二者的共混体为基料，采用密炼、挤出或压延等橡胶或塑料的加工工艺所制成的可卷曲片状防水材料。主要包括：聚氯乙烯（PVC）防水卷材、三元乙丙（EPDM）橡胶防水卷材、热塑性聚烯烃（TPO）防水卷材、高分子片材（HDPE、EVA、ECB等）及高分子自粘胶膜防水卷材等。高分子卷材可采用胶粘剂焊接接缝，机械固定空铺法或胶粘剂满粘法施工。我国在1980年开始从日本引进三元乙丙橡胶防水卷材技术和设备，到目前我国三元乙丙防水卷材的年生产能力约5000万 m^2 以上。我国聚氯乙烯防水卷材于20世纪80年代末引进意大利技术和生产设备，到目前为止，我国PVC防水卷材的年生产能力约在15000万 m^2 以上。其他高分子防水卷材目前国内生产能力在每年15000 m^2 以上。

2. 防水涂料

聚氨酯防水涂料是功能最好、用量最大的建筑防水涂料，环境适应型和无溶剂型产品是未来的开发发展方向；开发机械施工和超硬聚氨酯及拓宽用途；丙烯酸防水涂料兼有防水和装饰的功能，在外墙防水涂料中位居首位；聚合物水泥防水涂料在室内防水中有着广泛的应用；渗透型防水涂料与水反应结晶，堵塞孔隙，是优异的地下内墙防水涂料，在美国、日本及我国被大量采用。

沥青防水涂料包括热沥青防水涂料及乳化沥青防水涂料，聚氨酯防水涂料包括单组分聚氨酯湿固化聚氨酯防水涂料、双组分聚氨酯防水涂料及聚脲防水涂料等，聚合物乳液防水涂料包括聚合物水泥防水涂料、丙烯酸乳液防水涂料等，刚性防水涂料包括水泥渗透结晶防水涂料等。

3. 刚性防水材料

刚性防水材料是指以水泥、砂石为原材料，或其内掺入少量外加剂、高分子聚合物等材料，通过调整配合比，抑制或减少孔隙率，改变孔隙特征，增加各原材料界面间的密实性等方法，配制成具有一定抗渗透能力的水泥砂浆混凝土类防水材料。

刚性防水材料按其胶凝材料的不同可分为两大类，一类是以硅酸盐水泥为基料，加入无机或有机外加剂配制而成的防水砂浆、防水混凝土，如外加剂防水混凝土，聚合物砂浆等；另一类是以膨胀水泥为主的特种水泥为基料配制的防水砂浆、防水混凝土，如膨胀水泥防水混凝土等。

1.2 我国防水材料行业发展历程

在建筑史上，渗漏是建筑物质量的一个重要问题，不仅严重影响居民的正常生活，工业建筑的渗漏还会影响正常的生产经营。防水材料行业的发展主要经历了以下几个阶段：

20世纪70年代末改革开放初期，百废待兴，国家基本建设投入逐渐加大，石油沥青纸胎油毡是建筑防水材料的绝对主流产品，生产工艺落后，生产装备简陋，产品质量差寿命短，一般采用"两毡三油"施工，即两层油毡＋三层玛琋脂施工工艺，建筑渗漏严重。

20世纪80年代初国内技术人员从日本学习到聚氨酯防水涂料的生产技术，由江苏省化工研究院（当时为"研究所"）进行小试，配方稳定后交由淮阴市油脂化学厂（后改名"淮阴市有机化工厂"）生产，并在南京市鼓楼区房管所当时的工作单位负责的屋面工程中试应用。

20世纪80年代末90年代初，我国开始陆续从发达国家引进防水材料 SBS／APP 改性沥青防水卷材等生产线，国内开始出现一批引进国外生产设备和工艺的国有背景企业的防水材料厂，如盘锦禹王、北京奥克兰、沈阳蓝光、徐州卧牛山、上海防水集团、青岛颐中等，这些企业有的是原有油毡厂转产，有的是当地政府投资新建。20世纪90年代后期，东方雨虹、宏源、科顺、卓宝等民营企业开始崭露头角，逐步打破国有背景企业的垄断地位，登上防水产业的历史舞台，并在20世纪末开始全面赶超。

进入21世纪，由于国家建设规模日益扩大，城镇化速率加快，建筑防水工程由土建中的单一品种、不多的几种材料，迅速发展成为建设系统中的一个新兴产业。防水材料也由单一化产品走向多元化的产品结构，出现了以改性沥青和高分子卷材、新型防水涂料、建筑密封材料、刚性防水材料、堵漏止水材料等多类别、多品种、多元化以及国产与进口材料并存的局面。2003 年前后，依据国家政策，大批国有体制和乡镇集体体制的企业实行改制（即从原有的体制改制成为民营股份制企业），防水行业也不例外，上述防水国有企业基本在这次改制的浪潮中成了民营企业。

随着"后建筑"时代的到来，高速铁路、高速公路、海绵城市、地下管廊、"一带一路"等新领域和新市场为防水行业带来了高速发展的良好机遇，防水市场份额已达数千亿元。除了业内的知名企业在加速扩张外，行业外的大型企业也跨界加入防水市场，如中铁、三棵树等知名企业陆续投资建设防水卷材、防水涂料生产线。

近几年，全国新增各类防水材料生产线在 100 条以上，行业产能快速增长，市场集中度的提升，或将带来行业竞争更加激烈的态势。

1.3 防水材料行业发展现状

随着中国城镇化速度的加快以及房地产业的发展，建筑防水材料的应用越来越广泛，中国防水行业发展快速。据不完全统计，我国建筑防水材料（主要为防水卷材和防水涂料）生产企业 4000 多家，具有建筑防水施工资质的企业 12589 家，资质包括防水、防腐和保温。

据统计，2016—2018 年中国规模以上防水企业数量逐年增加，2019 年较 2018 年有所减少，2019 年中国共有规模以上防水企业 653 家，较 2018 年减少了 131 家，2020 年中国共有规模以上防水企业 722 家，较 2019 年增加了 69 家，如图 1-1 所示。

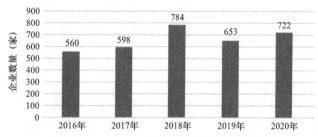

图 1-1　2016—2020 年规模以上防水企业数量

2015—2020 年中国规模以上防水企业的主营业务收入快速增长，2019 年中国规模以上防水企业的主营业务收入为 1287.3 亿元，较 2018 年增加了 139.9 亿元，2020 年中国规模以上防水企业的主营业务收入 1351.7 亿元，受新冠肺炎疫情影响增速趋缓，较 2019 年增加 64.4 亿元，如图 1-2 所示。

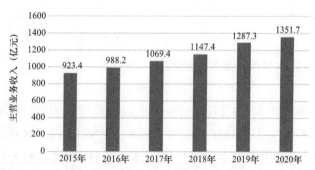

图 1-2　2015—2020 年规模以上防水企业的主营业务收入统计

2015—2018 年中国规模以上防水企业的利润总额快速增长，2019 年中国规模以上防水企业的利润总额为 91.72 亿元，较 2018 年增长了 12.23 亿元，2020 年中国规模以上防水企业的利润总额持续增长，总计 105.47 亿元，如图 1-3 所示。从长期发展角度来看，未来 10 年中国防水市场的前景依然广阔。

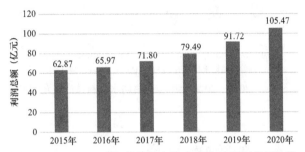

图 1-3 2015—2020 年规模以上防水企业的利润总额统计

近 10 年来，行业集中度有了一定程度的提高，行业规模以上企业中前 10 家企业的产品市场占有率从 2015 年的 15% 上升到 2020 年的 25%。建筑防水行业涉及涵盖住宅、工业建筑、地下工程、桥梁隧道、地铁、高铁、水利、机场等各类工程领域，全行业从业人员近百万人。近年来，受基础设施建设、翻修市场拉动，防水材料市场需求继续保持强劲，2015—2020 年中国建筑防水材料产量稳定增长，增速缓慢提高，如图 1-4 所示。

据中国建筑防水协会数据显示，2015—2020 年 5 年总增长幅度为 42%，防水材料产量每年复合增长 7.23%，2020 年达到 25.16 亿 m^2。其中，防水卷材占比为 62.26%，防水涂料占比为 30.40%。在防水卷材中，改性沥青防水卷材占比为 30.14%，自粘防水卷材占比为 18.24%，高分子防水卷材占比为 13.88%，如图 1-5 所示。

图 1-4　2015—2020 年中国建材防水材料总产量及增速

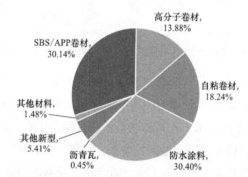

图 1-5　2020 年我国建筑防水材料产量结构图

整体来说，建筑防水材料行业单纯的营收数据较好，增长平稳，这都与大环境的经济快速增长密切相关。

防水材料主要产区有东北（盘锦）、京津冀（河北）、山东（寿光）、江浙沪、西南（四川）等。山东、河北、江苏和辽宁是防水卷材生产规模最大的省份，其次是浙江、安徽、湖北、陕西、四川和河南等省份。

建筑防水材料作为一项直接涉及建筑节能的产品和技术，在节能降耗方面将带来重要的发展变革。在环保、低碳这一全球化发展趋势的推动下，正朝着节能、节材、绿色、减排的目标迈进，建筑防水关系到建筑安全、民生工程、环境保护等方面，如何让建筑物的防水做得优质、环保，已成为各界十分关注的课题。

1.4 防水材料行业发展的主要问题

在过去的 30 年里，随着我国建设规模的持续发展，建筑防水工程由土建中单一工种、不多几种产品，迅速发展成为建设系统的一个新兴产业，行业规模、产品结构、技术装备水平及应用技术等方面的成绩斐然。但在防水材料行业，特别是沥青防水卷材行业仍存在无组织排放严重、长期依赖末端治理等关键共性障碍。

1. 行业规模小、创新能力弱

防水行业全国 4000 多家企业，规模以上企业仅 700 余家，整个行业生产企业规模小、数量多、市场集中度低，"大而不强"是行业最突出的特征。大量中小企业因为生产工艺不成熟、成品率低、产品品质不稳定等技术瓶颈而无法形成规模生产，只能采取跟随模仿措施，缺乏在产品生产等方面的创新，单纯依靠简单的市场模仿的企业，其生存空间将日益狭小、举步维艰。

2. 长期使用低劣生产原辅材料

行业内生产和使用不合格劣质产品现象长期存在，市场行为规范程度仍然较低，很多企业在 SBS 改性沥青卷材生产过程中，使用废胶粉代替 SBS 作为改性材料，然后用大量的废机油作为溶剂，沥青、废胶粉、废机油加热温度过高将产生更多的混合废气，对环境和人类造成严重危害。

3. 无组织排放问题较突出

由于行业整体工艺自动化和设备密闭化水平不高，生产过程中的无组织排放特征明显，物料运输装卸、储存使用等环节节点也存在无组织排放问题，生产现场可见烟（粉）尘及明显异味，大部分企业未采取有效管控措施，尤其是中小企业管理水平差、收集效率低，逸散问题更为突出。

4. 行业整体偏重末端治理

沥青、改性剂、软化油等原辅材料是沥青类防水材料行业废气重要排放来源。由于思想认识不到位、投入成本高等原因，目前环保型原辅材料源头替代措施明显不足，行业对污染物的整体治理水平仍处于末端治理阶段，很多企业过分依赖低温等离子、光氧催化等低效的末端设施来治理存在的环保问题。

5. 环保相关标准法规不健全

改性沥青类防水材料占整个防水材料的 80% 以上，其生产过程中产生大量沥青烟气、粉尘等污染物排放，但目前我国还未从国家层面出台针对防水卷材生产过程的大气污染物排放标准，导致政府各级环保部门难以对行业进行有效监管，无可依据的标准对沥青防水卷材生产企业的环境行为进行规范。

6. 员工岗位技能和素养不足

企业员工作为技术工艺的执行者和生产设备的操作者，将直接影响企业生产状况，因此员工的素质和积极性也是有效控制生产过程中废弃物产生的重要因素。防水材料行业人才培养乏力，企业员工对绿色发展、清洁生产认识不足，缺少环保管理人才和技术人才，将影响行业企业深入开展环保工作，也将降低企业的生产效率和环境管理水平。

第2章 防水材料行业政策标准及技术规范

2.1 产业政策

防水材料行业发展至今，国家各部委出台了一系列相关产业政策支持与引导行业发展。本节梳理了近年来我国出台的一些防水材料行业产业政策，对促进行业发展均有着重要影响。

2.1.1 部分工业行业淘汰落后生产工艺装备和产品指导目录（2010年本）

2010年工业和信息化部制定了《部分工业行业淘汰落后生产工艺装备和产品指导目录（2010年本）》，加快淘汰落后生产能力，促进工业结构优化升级。该目录所列淘汰落后生产工艺装备和产品主要是不符合有关法律法规规定，严重浪费资源、污染环境、不具备安全生产条件，需要淘汰的落后生产工艺装备和产品。该目录主要按照以下原则：

（1）危及生产和人身安全，不具备安全生产条件；

（2）严重污染环境或严重破坏生态环境；

（3）产品不符合国家或行业规定标准；

（4）严重浪费资源、能源；

（5）法律、行政法规规定的其他情形。

其中涉及防水材料行业相关内容包括聚乙烯丙纶类复合防水卷材二次加热复合成型生产工艺、年产 500 万 m² 以下改性沥青类防水卷材生产线、年产 500 万 m² 以下沥青复合胎柔性防水卷材生产线、年产 100 万卷以下沥青纸胎油毡生产线、聚乙烯芯材厚度在 0.5mm 以下的聚乙烯丙纶复合防水卷材；聚氯乙烯防水卷材（S 型）；棉涤玻纤（高碱）网格复合胎基材料等。

2.1.2　产业结构调整指导目录（2019 年本）

《产业结构调整指导目录（2019 年本）》分为鼓励类、限制类和淘汰类三大类。鼓励类主要是对经济社会发展有重要促进作用，有利于满足人民美好生活需求和推动高质量发展的技术、装备、产品、行业。限制类是指工艺技术落后，不符合行业准入条件和有关规定，禁止新建扩建和需要督促改造的生产能力、工艺技术、装备及产品。淘汰类主要是不符合有关法律法规规定，不具备安全生产条件，严重浪费资源、污染环境，需要淘汰的落后工艺、技术、装备及产品。其中涉及防水卷材行业的内容如下：

鼓励类中的第十二项"建材"中提到，鼓励使用改性沥青防水卷材、高分子防水卷材、水性或高固含量防水涂料等新型建筑防水材料。

淘汰类中，500 万 m²/a（不含）以下的改性沥青类防水卷材生产线；500 万 m²/a（不含）以下沥青复合胎柔性防水卷材生产线；100 万卷 /a（不含）以下沥青纸胎油毡生产线属于落后生产工艺装备。采用二次加热复合成型工艺生产的聚乙烯丙纶类复合防水卷材、聚乙烯丙纶复合防水卷材（聚乙烯芯材厚度在 0.5mm 以下）；棉涤玻纤（高碱）网格复合胎基材料、聚氯乙烯防水卷材（S 型）属于落后产品。

2.1.3 建筑防水行业"十三五"发展规划

"十三五"是我国全面建成小康社会的关键时期，也是我国建筑防水行业调整结构，转变经济增长方式和持续健康发展的重要时期。中国建筑防水协会根据《中华人民共和国国民经济和社会发展第十三个五年规划纲要》《住房城乡建设事业"十三五"规划纲要》《建材工业"十三五"发展指导意见》等政策，结合建筑防水行业的实际情况，制定了《建筑防水行业"十三五"发展规划纲要》。

该规划主要确定了"十三五"期间主要防水材料产量的年均增长率保持在 6% 以上，到 2020 年，主要防水材料总产量达到 23 亿 m² 的总体目标；确定了"十三五"末期，培育了 20 家大型防水企业集团，培育了 100 家大型制造企业；行业中涌现出若干家年销售收入超过 100 亿元的企业，行业前 50 位的企业市场占有率达到 50% 的目标。

2.1.4 关于印发《促进绿色建材生产和应用行动方案》的通知

2015 年，工业和信息化部和住房城乡建设部联合印发了《促进绿色建材生产和应用行动方案》。为了落实《中国制造 2025》《国务院关于化解产能严重过剩矛盾的指导意见》《绿色建筑行动方案》，促进绿色建材生产和应用，推动建材工业稳增长、调结构、转方式、惠民生，更好地服务于新型城镇化和绿色建筑发展，在此背景下制定了《促进绿色建材生产和应用行动方案》。

该方案大力推广环境友好型涂料、防水和密封材料，支持发展低挥发性有机化合物（VOCs）的水性建筑涂料、建筑胶粘剂，推广应用耐腐蚀、耐老化、使用寿命长、施工方便快捷的高分子防水材料、密封材料和热反射膜。

2.1.5 不符合首都功能定位的高污染工业行业调整、生产工艺和设备退出指导目录（第一批）

2012 年 6 月，北京市经济和信息化委员会印发《不符合首都功能定位的高污染工业行业调整、生产工艺和设备退出指导目录（第一批）》的通知。其中涉及冲天炉铸造、沥青防水卷材、玻璃、陶瓷等多个行业。文件中涉及防水卷材的部分共有三条，针对年产 500 万 m² 以下改性沥青类防水卷材生产线、年产 500 万 m² 以下沥青复合胎柔性防水卷材生产线以及年产 100 万卷以下沥青纸胎油毡生产线。

2.1.6 北京市推广、限制和禁止使用建筑材料目录（2018年版）

2019 年北京市住房和城乡建设委员会为保证北京市建设工程质量，进一步提升使用功能，促进建材供给侧改革及节约资源，保护环境，根据《北京市民用建筑节能管理办法》（市政府令第 256 号）和《北京市推广、限制和禁止使用建筑材料目录管理办法》（京建材〔2009〕344 号），研究制定了《北京市禁止使用建筑材料目录（2018 年版）》。其中禁止使用的建筑材料中涉及防水卷材的部分如表 2-1 所示：

禁止使用的建筑材料   表 2-1

序号	建筑材料名称	禁止使用范围	禁止使用原因	禁止使用的依据与生效时间
1	使用明火热熔法施工的沥青类防水卷材	地下密闭空间、通风不畅空间和易燃材料附近的防水工程	易发生火灾	根据《关于发布〈北京市推广、限制和禁止使用建筑材料目录（2014 年版）〉的通知》(京建发〔2015〕86 号)，从 2015 年 10 月 1 日起实施
2	双组分聚氨酯防水涂料、溶剂型冷底子油		易发生火灾事故，施工过程污染环境	根据《关于发布〈北京市推广、限制和禁止使用建筑材料目录（2014 年版）〉的通知》(京建发〔2015〕86 号)，从 2015 年 10 月 1 日起实施
3	石油沥青纸胎油毡	全部建筑工程	耐久性差，施工过程污染环境	根据《关于发布〈北京市推广、限制和禁止使用建筑材料目录（2014 年版）〉的通知》(京建发〔2015〕86 号)，从 2015 年 10 月 1 日起实施
4	S 型聚氯乙烯防水卷材		产品耐老化性能差，防水功能差	根据《关于发布〈北京市推广、限制和禁止使用建筑材料目录（2010 年版）〉的通知》(京建发〔2010〕326 号)，从 2010 年 12 月 1 日起实施

续表

序号	建筑材料名称	禁止使用范围	禁止使用原因	禁止使用的依据与生效时间
5	芯材厚度小于0.5mm的聚乙烯丙纶复合防水卷材		产品耐老化性能差，防水功能差	根据《关于发布〈北京市推广、限制和禁止使用建筑材料目录（2014 年版）〉的通知》（京建发〔2015〕86 号），从 2015 年 10 月 1 日起实施
6	焦油聚氨酯防水涂料	全部建筑工程	施工过程污染环境	根据《关于限制和淘汰石油沥青纸胎油毡等 11 种落后建材产品的通知》（京建材〔1998〕第 480 号），从 1999 年 3 月 1 日起实施
7	焦油型冷底子油（JG-1 型防水冷底子油涂料）		施工过程污染环境	根据《关于限制和淘汰石油沥青纸胎油毡等 11 种落后建材产品的通知》（京建材〔1998〕第 480 号），从 1999 年 3 月 1 日起实施

2.1.7　关于促进建材工业稳增长调结构增效益的指导意见

2016 年 5 月国务院办公厅发布《关于促进建材工业稳增长调结构增效益的指导意见》。该文件中制定了建材行业主要目标：到 2020 年建材产品深加工水平和绿色建材产品比重稳步提高，质量水平和高端产品供给能力显著增强，节能减排和资源综合利用水平进一步提升；建材工业效益好转，水泥、平板玻璃行业销售利润率接近工业平均水平，全行业利润总额实现正增长。

大力推广新型墙材。发展本质安全、节能环保、轻质高强的墙体和屋面材料、外墙保温材料，以及结构与保温装饰一体化外墙板。推进叠合楼板、内外墙板、楼梯阳台、厨卫装饰等构配件工厂化生产。引导利用可再生资源制备新型墙体材料，支持利用农作物秸秆、竹纤维、木屑等开发生物质建材，发展生物质纤维增强的木塑、镁质建材等产品。加快推广应用水性涂料、胶粘剂及高分子防水材料、密封材料、热反射膜、管材等产品。支持企业推进兼并重组，促进企业主动去产能。

2.1.8　建材行业规范公告管理办法

《建材行业规范公告管理办法》以下简称《规范公告》，由工业和信息化部于 2017 年 11 月 10 日印发，对建材领域被纳入规范管理的水泥、平板玻璃、建筑卫生陶瓷、耐火材料、石墨、萤石、石棉、岩棉、防水卷材、玻璃纤维等所有企业都至关重要，是整个建材行业各领域和机构必须高度重视的大事。此次正在征求意见的《规范公告》，对建材行业而言，具有里程碑意义。

（1）《建材行业规范公告管理办法》是首次提出。这意味着原有"单一领域单一公告"的模式将彻底改变，一份规定将对全行业 10 个领域的所有企业和生产线具有统一的指导和约束作用，行业覆盖面和区域辐射度都非常高。

（2）企业的申报路径有重大创新举措。除传统申报方式外，首次通过大数据创新模式的融入，开发建设全新的第三方网络平台，开通"网上自我声明"的申报方式，可谓"互联网＋传统产业＋管理服务"的深入实践，这是工业和信息化部实现"两化融合"的一次探索和尝试。

（3）《规范公告》中提到的"企业和生产线符合规范条件自我声明平台"，企业可以直接在网上提交申报材料并自我声明，从而简化了企业的申报程序，节省了企业申报所花费的时间，使申报审核的过程更为公开透明，为申报企业提供了更好的展示平台，增强了行业诚信体系的建设，也是行业规范管理在市场化建设和政府监管之间搭建起的相对透明公平的桥梁。

2.1.9　建筑防水卷材行业准入条件（2019 年 11 月 26 日废止）

为引导建筑防水卷材行业健康发展，抑制产能过剩和重复建设，加快产业结构调整，工业和信息化部于 2013 年 1 月发布《建筑防水卷材行业准入条件》，明确规范了我国防水卷材行业的准入要求。

文件从建设条件与生产布局、生产规模与工艺装备、能源消耗指标、环境保护要求、产品质量、安全生产、职业卫生和社会责任、监督管理要求等方面对防水卷材行业提出明确要求。

1. 建设条件与生产布局方面

（1）新建和改扩建建筑防水卷材项目应符合国家产业政策和产业规划、当地产业规划、土地利用总体规划等，统筹资源、能源、环境、物流和市场等因素合理布局。

"十二五"期间,立足国内需求,严格控制增量,重在优化存量,着力调整结构,推进兼并重组,提高产业集中度和规模效益。

(2)严禁在风景名胜区、生态保护区、自然和文化遗产保护区、饮用水源保护区、城市建成区和非工业规划区等区域新建和扩建建筑防水卷材项目。

上述区域已经投产的建筑防水卷材项目,未达到本准入条件要求的,应在2015年底前通过整改达到。

新建(含迁建)建筑防水卷材项目应进入化工园区或具备相应治污能力的产业集聚区。

2. 生产规模、工艺与装备方面

(1)新建改性沥青类(含自粘)防水卷材项目单线产能规模不低于1000万 m^2/a (以产品标准中厚度最小的产品、250d/a、16h/d运行计)。新建高分子防水卷材(PVC、TPO)项目单线产能规模不低于300万 m^2/a。

(2)新建建筑防水卷材项目采用先进的自动化控制系统,生产工艺和关键设备应满足以下基本要求:改性沥青类(含自粘)防水卷材生产线胶体磨总流量不低于 $40m^3/h$;聚氯乙烯(PVC)防水卷材生产线总挤出能力不低于1200kg/h,热塑性聚烯烃(TPO)防水卷材生产线总挤出能力不低于1000kg/h。

(3)新建和改扩建项目工程勘察、设计、施工、监理等单位应具备相应资质等级。

3. 能源消耗方面

(1)防水卷材单位产品能源消耗限额应符合表2-2中的规定。

防水卷材单位产品能源消耗限额　　表 2-2

产品名称		单位产品综合能耗限额准入值（kgce/m²）
沥青基防水卷材	有胎	不高于 0.20
	无胎	不高于 0.10
聚氯乙烯（PVC）防水卷材		不高于 0.08
热塑性聚烯烃（TPO）防水卷材		

（2）年耗标准煤 5000t 及以上的建筑防水卷材生产企业，应每年提交包括能源消费情况、能源利用效率、节能目标完成情况和节能效益分析、节能措施等内容的能源利用状况报告。

4. 环境管理方面相关要求

（1）易产生烟气、粉尘等污染物的原材料在运输、装卸、储存和使用过程中应当采取密闭措施。

（2）改性沥青类（含自粘）防水卷材的沥青搅拌罐、浸油池和涂油池应配置沥青烟气处理装置。

排放的气体应符合现行国家标准《大气污染物综合排放标准》GB 16297 或项目所在地环境标准的要求。

（3）固体废弃物按规定收集、贮存和用于再生产；实施雨污分流、清污分流，冷却水循环使用，生产废水经收集处理后达标排放。

（4）完善噪声防治措施，厂界噪声应符合现行国家标准《工业企业厂界环境噪声排放标准》GB 12348 的规定。

（5）采取清洁生产技术，开展清洁生产审核。建立环境管理体系，制定环境突发事件应急预案。

（6）配套建设的环境保护设施应与主体工程同时设计、同时施工、同时投入使用。

5. 产品质量

（1）防水卷材企业按照现行行业标准《防水卷材生产企业质量管理规程》JC/T 1072健全管理制度。

（2）产品质量符合相应的现行国家标准或行业标准。

（3）具备防水卷材成品检验和原材料检验能力，建立质量管理体系、产品质量对比验证和内部抽查制度。建立产品出库台账和可追溯制度。

6. 安全生产、职业卫生和社会责任

（1）建立健全安全生产责任制、职业病防治责任制，制定完备的安全生产规章制度和操作规程，配备符合规定的职业病防治设施。

（2）新建和改扩建项目的安全生产设施和职业病防护设施应与主体工程同时设计、同时施工和同时投入使用。

（3）有重大危险源检测、评估、监控措施和应急预案。

（4）不偷漏税款，不拖欠工资，按期足额缴纳养老保险、医疗保险、工伤保险、失业保险、生育保险和住房公积金。

（5）建立职业健康安全管理体系。

7. 监督管理

（1）新建和改扩建建筑防水卷材项目应符合本准入条件。项目的投资、土地、环评、安全监管等应依据本准入条件。

（2）项目投产前和正常生产期间，由地方工业主管部门对辖区内建筑防水卷材企业执行准入条件的情况进行监督检查。

（3）工业和信息化部公告符合准入条件的防水卷材生产企业名单，接受社会监督并实行动态管理。公告管理办法由工业

和信息化部另行制定。有关行业协会和中介机构配合做好行业准入条件的宣传、执行和监督。

《建筑防水卷材行业准入条件》由工业和信息化部以 2013 年第 3 号公告发布。实施以来，在促进行业转型升级和产品结构调整，以及企业规范化经营、提高技术水平和产品质量、节约能源和保护环境等方面都起到了推动作用。

2019 年 11 月，为贯彻落实党中央、国务院关于转变政府职能和深化"放管服"改革的精神，工业和信息化部经研究放宽对部分行业要求，发布了《关于原材料工业行业规范（准入）条件管理相关文件废止的公告》（工业和信息化部公告 2019 年第 50 号），其中涉及部分防水卷材行业相关文件，《建筑防水卷材行业准入条件》作为其中之一已于 2019 年 11 月 26 日废止，同期被废止的防水卷材行业规范相关文件如表 2-3 所示。

原材料工业行业规范（准入）条件管理
相关文件废止目录　　　　　　　表 2-3

序号	文件名称	发布时间	发文机关
1	《建筑防水卷材行业准入条件》	工业和信息化部公告 2013 年第 3 号	工业和信息化部
2	符合《建筑防水卷材行业准入条件》生产线名单（第一批）	工业和信息化部公告 2013 年第 65 号	工业和信息化部
3	符合《建筑防水卷材行业准入条件》生产线名单（第二批）	工业和信息化部公告 2015 年第 10 号	工业和信息化部
4	符合《建筑防水卷材行业准入条件》生产线名单（第三批）	工业和信息化部公告 2016 年第 11 号	工业和信息化部

近年来，随着国家在质量提升、智能制造、产业升级等方

面提出了新的政策和要求，同时放宽生产许可管理，代之以多种形式的行业管理模式，有必要进一步加强和改善行业规范管理。为加快行业结构调整、提升全产业链质量、提高行业集中度、规范市场经营秩序、促进建筑防水行业持续健康发展，有必要对现行《建筑防水卷材行业准入条件》进行修订。

2019年3月25日，工业和信息化部以《关于委托开展〈建筑防水卷材行业准入条件〉修订的函》（工原函〔2019〕106号）委托中国建筑防水协会对《建筑防水卷材行业准入条件》进行修订，暂定名称为《建筑防水卷材行业规范条件》。

2.2　环境保护政策

2.2.1　防水卷材行业大气污染物排放标准

为控制防水卷材行业大气污染物排放，保障人体健康、保护生态环境、改善环境空气质量，北京市环境保护局和北京市质量技术监督局于2013年12月26日发布了《防水卷材行业大气污染物排放标准》DB 11/1055—2013，对我国其他地区防水卷材行业大气污染物排放标准的制定有一定的参考价值。该标准于2014年1月1日起实施，北京市防水卷材行业不再执行《冶金、建材行业及其他工业炉窑大气污染物排放标准》DB 11/237—2004以及《大气污染物综合排放标准》DB 11/501—2007。

《防水卷材行业大气污染物排放标准》DB 11/1055—2013规定了防水卷材行业生产过程大气污染物排放限值、监测和控制要求，以及标准的实施与监督等相关规定。标准适用于现有防水卷材生产企业的大气污染物排放管理，以及新建、改建、扩建防水卷材生产线的环境影响评价、环境保护设施设计、竣工环境保护验收及其投产后的大气污染物排放管理。

《防水卷材行业大气污染物排放标准》DB 11/1055—2013 要求，有组织排放限值中排气筒污染物排放限值如表 2-4 所示。

有组织排放限值中排气筒污染物排放限值　表 2-4

污染物	I 时段	II 时段
颗粒物（mg/m³）	20	10
苯并（a）芘（μg/m³）[a]	0.1	0.1
沥青烟（mg/m³）[a]	20	10
非甲烷总烃（mg/m³）	40	10

注：a 适用于沥青类防水卷材。

总量排放限值如表 2-5 所示。

沥青类防水卷材中沥青烟总量排放限值　表 2-5

卷材类型	总量排放限值 g/t 产品	
	I 时段	II 时段
沥青类防水卷材	60	30

排气筒中污染物排放除了应该满足表 2-4 中最高允许排放浓度外，还应该满足表 2-6 中规定的排气筒高度对应的最高允许排放速率要求。

排气筒最高允许排放速率　表 2-6

排气筒高度（m）	最高允许排放速率（kg/h）			
	颗粒物	苯并（a）芘[a]（10⁻³）	沥青烟[a]	非甲烷总烃
15	0.7	0.036	0.11	0.8

续表

排气筒高度（m）	最高允许排放速率（kg/h）			
	颗粒物	苯并（a）芘 [a]（10^{-3}）	沥青烟 [a]	非甲烷总烃
20	1.2	0.061	0.19	1.3
30	4.7	0.21	0.82	4.4
40	8.0	0.35	1.4	7.6
50	12	0.54	2.2	12

注：a 适用于沥青类防水卷材。

无组织排放限值如表2-7所示。

无组织排放监控点大气污染物浓度限值 表2-7

时段	无组织排放监控点	浓度限值	
		苯并（a）芘 [a]（10^{-3}）	臭氧浓度（无量纲）
I 时段	单位周界	—	20
II 时段	单位周界		10
	车间周边		20
	车间内部	0.05	—

注：a 适用于沥青类防水卷材。

2.2.2 沥青基防水卷材单位产品能源消耗限额

根据《沥青基防水卷材单位产品能源消耗限额》GB 30184—2013，沥青基防水卷材单位产品能源消耗限额应符合以下规定：

其中，现有沥青基防水卷材生产企业产品能耗限定值应符合表2-8的规定。

新建沥青基防水卷材（含新建生产线和技术改造的生产线）

生产企业单位产品能耗准入值应符合表 2-9 的规定。

沥青基防水卷材单位产品能耗限定值　　　　表 2-8

产品名称		单位产品综合能耗限额准入值（kgce/km³）
沥青基防水卷材	有胎	≤ 220
	无胎	≤ 130

注：有胎沥青基防水卷材以 3.0mm 计算，无胎沥青基防水卷材以
　　1.5mm 计算。

沥青基防水卷材单位产品能耗准入值　　　　表 2-9

产品名称		单位产品综合能耗限额准入值（kgce/km³）
沥青基防水卷材	有胎	≤ 200
	无胎	≤ 100

注：有胎沥青基防水卷材以 3.0mm 计算，无胎沥青基防水卷材以
　　1.5mm 计算。

现有沥青基防水卷材生产企业指 2013 年 5 月 1 日前建设企业，
新建沥青基防水卷材生产企业指 2013 年 5 月 1 日后建设企业。

沥青基防水卷材企业单位产品能耗先进值应符合表 2-10 的
规定。

沥青基防水卷材单位产品能耗先进值　　　　表 2-10

产品名称		单位产品综合能耗限额准入值（kgce/km³）
沥青基防水卷材	有胎	≤ 180
	无胎	≤ 90

注：有胎沥青基防水卷材以 3.0mm 计算，无胎沥青基防水卷材以
　　1.5mm 计算。

2.2.3 2020 年工业节能监察重点工作计划

工业和信息化部印发的《2020 年工业节能监察重点工作计划》于 2020 年 1 月正式发布。该工作计划依据《工业绿色发展规划（2016—2020 年）》制定，主要目的是充分发挥节能监察的监督保障作用，持续提高工业能效和绿色发展水平，助推工业经济高质量发展。

与前几年的工业节能监察重点工作计划有所不同的是，《2020 年工业节能监察重点工作计划》首次针对防水卷材行业提出相关要求。针对重点高耗能行业能耗专项监察中，工作计划要求：按照"十三五"高耗能行业节能监察全覆盖的安排，对炼油、对二甲苯、纯碱、聚氯乙烯、硫酸、轮胎、甲醇等石化化工行业，金冶炼、稀土冶炼加工、铝合金、铜及铜合金加工等有色金属行业，建筑石膏、烧结墙体材料、沥青基防水卷材、岩棉、矿渣棉及其制品等建材行业，糖、啤酒等轻工行业等细分行业的重点用能企业开展强制性单位产品能耗限额标准执行情况专项监察。

2.2.4 "十三五"节能减排综合工作方案

防水卷材行业属于建材行业范畴，在生产过程中产生大量污染物质，处理不当将会对企业周边环境构成潜在风险。为了降低全国万元国内生产总值能耗、控制能源消费总量以及污染物排放总量，国务院印发《"十三五"节能减排综合工作方案》，为目标行业指明发展方向并提出相关发展要求。其中涉及防水卷材以及建材行业相关内容如下：

促进传统产业转型升级。深入实施"中国制造 2025",深化制造业与互联网融合发展,促进制造业高端化、智能化、绿色化、服务化。构建绿色制造体系,推进产品全生命周期绿色管理,不断优化工业产品结构。支持重点行业改造升级,鼓励企业瞄准国际同行业标杆全面提高产品技术、工艺装备、能效环保等水平。严禁以任何名义、任何方式核准或备案产能严重过剩行业的增加产能项目。强化节能环保标准约束,严格行业规范、准入管理和节能审查,对电力、钢铁、建材、有色、化工、石油石化、船舶、煤炭、印染、造纸、制革、染料、焦化、电镀等行业中,环保、能耗、安全等不达标或生产、使用淘汰类产品的企业和产能,要依法依规有序退出。

加强工业节能。实施工业能效赶超行动,加强高能耗行业能耗管控,在重点耗能行业全面推行能效对标,推进工业企业能源管控中心建设,推广工业智能化用能监测和诊断技术。到 2020 年,工业能源利用效率和清洁化水平显著提高,规模以上工业企业单位增加值能耗比 2015 年降低 18% 以上,电力、钢铁、有色、建材、石油石化、化工等重点耗能行业能源利用效率达到或接近世界先进水平。

强化建筑节能。实施建筑节能先进标准领跑行动,开展超低能耗及近零能耗建筑建设试点,推广建筑屋顶分布式光伏发电。编制绿色建筑建设标准,开展绿色生态城区建设示范,到 2020 年,城镇绿色建筑面积占新建建筑面积比重提高到 50%。实施绿色建筑全产业链发展计划,推行绿色施工方式,推广节能绿色建材、装配式和钢结构建筑。

健全绿色标识认证体系。强化能效标识管理制度,扩大实施范围。推行节能低碳环保产品认证。完善绿色建筑、绿色建材标识和认证制度，建立可追溯的绿色建材评价和信息管理系统。

2.2.5　中国节水技术政策大纲

2005 年 4 月国家发展和改革委员会、科技部会同水利部、建设部和农业部组织制定了《中国节水技术政策大纲》，用以指导节水技术开发和推广应用，推动节水技术进步，提高用水效率和效益，促进水资源的可持续利用。

为了提高输配水技术效率，需要因地制宜应用渠道防渗技术。对输水损失大、输水效率低的支渠及其以上渠道优先防渗，提倡井灌区无回灌补源任务的固定渠道全部防渗，提水灌区推广渠道防渗。推广采用经济适用的防渗材料。提倡使用灰土、水泥土、砌石等当地材料；推广使用混凝土和沥青混凝土、塑料薄膜等成熟的渠道防渗工程常用材料；鼓励在试验研究的基础上，使用复合土工膜、改性沥青防水卷材等土工膜料以及聚合物纤维混凝土、土壤固化剂和土工合成材料膨润土垫等防渗材料；加强不同气候和土质条件下渠道防渗新材料、新工艺、新施工设备的研究；加强渠道防渗防冻胀技术的研究和产品开发。

2.3　防水材料行业其他相关标准

近几十年来我国防水材料行业飞速发展，相继出台了一系列行业标准及规范，防水卷材行业相关标准见表 2-11。

我国防水材料行业相关标准　　　　　表 2-11

序号	标准名称	标准号
1	预铺防水卷材	GB/T 23457—2017
2	带自粘层的防水卷材	GB/T 23260—2009
3	湿铺防水卷材	GB/T 35467—2017
4	氯化聚乙烯防水卷材	GB 12953—2003
5	聚氯乙烯（PVC）防水卷材	GB 12952—2011
6	弹性体改性沥青防水卷材	GB 18242—2008
7	塑性体改性沥青防水卷材	GB 18243—2008
8	改性沥青聚乙烯胎防水卷材	GB 18967—2009
9	建筑防水卷材试验方法	GB/T 328—2007
10	防水沥青与防水卷材术语	GB/T 18378—2008
11	承载防水卷材	GB/T 21897—2008
12	沥青防水卷材用胎基	GB/T 18840—2018
13	防水用弹性体（SBS）改性沥青	GB/T 26528—2011
14	热塑性聚烯烃（TPO）防水卷材	GB 27789—2011
15	自粘聚合物改性沥青防水卷材	GB 23441—2009
16	种植屋面用耐根穿刺防水卷材	GB/T 35468—2017
17	石油沥青玻璃纤维胎防水卷材	GB/T 14686—2008
18	沥青防水卷材用基胎 聚酯非织造布	GB/T 17987—2000
19	环境标志产品技术要求　防水卷材	HJ 455—2009
20	防水卷材单位产品能源消耗限额	DB 31/ 742—2020
21	高分子多层复合防水卷材设计施工规程	DB 21/ 1025—1998
22	三元丁橡胶防水卷材设计施工规程	DB 21/T 1172—2000
23	沥青基防水卷材用基层处理剂	JC/T 1069—2008

续表

序号	标准名称	标准号
24	高分子防水卷材胶粘剂	JC/T 863—2011
25	胶粉改性沥青聚酯毡与玻纤网格布增强防水卷材	JC/T 1078—2008
26	改性沥青防水卷材成套生产设备　通用技术条件	JC/T 2046—2011
27	防水卷材沥青技术要求	JC/T 2218—2014
28	透汽防水垫层	JC/T 2291—2014
29	种植屋面用耐根穿刺防水卷材	JC/T 1075—2008
30	铝箔面石油沥青防水卷材	JC/T 504—2007
31	路桥用塑性体改性沥青防水卷材	JT/T 536—2018
32	道桥用改性沥青防水卷材	JC/T 974—2005
33	胶粉改性沥青玻纤毡与聚乙烯膜增强防水卷材	JC/T 1077—2008
34	胶粉改性沥青玻纤毡与玻纤网格布增强防水卷材	JC/T 1076—2008
35	防水卷材生产企业质量管理规程	JC/T 1072—2016
36	聚乙烯丙纶防水卷材用聚合物水泥粘结料	JC/T 2377—2016
37	单层防水卷材屋面工程技术规程	JGJ/T 316—2013
38	聚乙烯丙纶复合防水卷材	NY/T 1059—2006
39	城市桥梁桥面防水工程技术规程	CJJ 139—2010
40	绿色建材评价　防水卷材	T/CECS 10038—2019
41	现制水性橡胶高分子复合防水卷材	T/CECS 10017—2019

　　近年来防水材料标准化工作不断得到加强，为促进产业结构调整和优化升级，行业持续紧密围绕行业管理，产品绿色设计、生产、使用等活动，以及社会关注的热点和焦点问题，一

批行业标准正在制订、修订之中。

2.3.1　弹性体改性沥青防水卷材（GB 18242—2008）

本标准适用于以聚酯毡、玻纤毡、玻纤增强聚酯毡为胎基，以苯乙烯-丁二烯-苯乙烯（SBS）热塑性弹性体作石油沥青改性剂，两面覆以隔离材料所制成的防水卷材，按胎基分为聚酯毡（PY）、玻纤毡（G）、玻纤增强聚酯毡（PYG）。按上表面隔离材料分为聚乙烯膜（PE）、细砂（S）、矿物粒料（M）。下表面隔离材料为细砂（S）、聚乙烯膜（PE）（表 2-12）。

塑性体改性沥青防水卷材材料性能　　　　　　　　表 2-12

序号	项目		指标				
			I		II		
			PY	G	PY	G	PYG
1	可溶物含量（g/m³）≥	3mm	2100				—
		4mm	2900				
		5mm	3500				
		试验现象	—	胎基不燃	—	胎基不燃	
2	耐热性	℃	90		105		
		≤ mm	2				
		试验现象	无流淌 / 滴落				
3	低温柔性（℃）		−20		−25		
			无裂缝				
4	不透水性（MPa）		0.3	0.2	0.3		

续表

序号	项目		指标				
			I		II		
			PY	G	PY	G	PYG
5	拉力	最大峰拉力（N/50mm）≥	500	350	800	500	900
		次高峰拉力（N/50mm）≥	—	—	—	—	800
		试验现象	拉伸过程中，试件中部无沥青涂盖层开裂或与胎基分离现象				
6	延伸率	最大峰时延伸率（%）≥	30	—	40	—	—
		第二峰时延伸率（%）≥	—	—	—	—	15
7	浸水后质量增加（%）≤	PE，S	1.0				
		M	2.0				
8	热老化	拉力保持率（%）≥	90				
		延伸率保持率≥	80				
		低温柔性（℃）	−15		−20		
			无裂缝				
		尺寸变化率（%）≤	0.7	—	0.7	—	0.3
		质量损失（%）≤	1.0				
9	渗油性	张数≤	2				
10	接缝剥离强度（N/mm）≥		1.5				
11	钉杆撕裂强度[a]（N）≥		—				300

序号	项目		指标				
			I		II		
			PY	G	PY	G	PYG
12	矿物粒料粘附性 b（g）≤		2.0				
13	卷材下表面沥青涂盖层厚度 c（mm）≥		1.0				
14	人工气候加速老化	外观	无滑动、流淌、滴落				
		拉力保持率（%）≥	80				
		低温柔性（℃）	−15		−20		
			无裂缝				

注：a 仅适用于单层机械固定施工方式卷材。
　　b 仅适用于矿物粒料表面的卷材。
　　c 仅适用于热熔施工的卷材。

2.3.2　塑性体改性沥青防水卷材（GB 18243—2008）

本标准适用于以聚酯毡、玻纤毡、玻纤增强聚酯毡为胎基，以无规聚丙烯（APP）或聚烯烃类聚合物（APAO、APO 等）作为石油沥青改性剂，两面覆以隔离材料所制成的防水卷材。按照胎基分为聚酯毡（PY）、玻纤毡（G）、玻纤增强聚酯毡（PYG）。按上表面隔离材料分为聚乙烯膜（PE）、细砂（S）、矿物粒料（M）。下表面隔离材料为细砂（S）、聚乙烯膜（PE）。

塑性体改性沥青防水卷材材料性能如表 2-13 所示。

塑性体改性沥青防水卷材材料性能　　　　表 2-13

序号	项目		指标				
			I		II		
			PY	G	PY	G	PYG
1	可溶物含量（g/m³）≥	3mm	2100				—
		4mm	2900				—
		5mm	3500				
		试验现象	—	胎基不燃	—	胎基不燃	—
2	耐热性	℃	110		130		
		≤ mm	2				
		试验现象	无流淌 / 滴落				
3	低温柔性（℃）		−7		−15		
			无裂缝				
4	不透水性（MPa）		0.3	0.2	0.3		
5	拉力	最大峰拉力（N/50mm）≥	500	350	800	500	900
		次高峰拉力（N/50mm）≥	—	—	—	—	800
		试验现象	拉伸过程中，试件中部无沥青涂盖层开裂或与胎基分离现象				
6	延伸率	最大峰时延伸率（%）≥	25	—	40	—	
		第二峰时延伸率（%）≥	—	—	—	—	15
7	浸水后质量增加（%）≤	PE，S	1.0				
		M	2.0				

续表

序号	项目		指标				
			I	II			
			PY	G	PY	G	PYG
8	热老化	拉力保持率（%）≥	90				
		延伸率保持率≥	80				
		低温柔性（℃）		−2		−10	
			无裂缝				
		尺寸变化率（%）≤	0.7	—	0.7	—	0.3
		质量损失（%）≤	1.0				
9	接缝剥离强度（N/mm）≥		1.0				
10	钉杆撕裂强度 a（N）≥		—				300
11	矿物粒料粘附性 b（g）≤		2.0				
12	卷材下表面沥青涂盖层厚度 c（mm）≥		1.0				
13	人工气候加速老化	外观	无滑动、流淌、滴落				
		拉力保持率（%）≥	80				
		低温柔性（℃）		−2		−10	
			无裂缝				

注：a 仅适用于单层机械固定施工方式卷材。

　　b 仅适用于矿物粒料表面的卷材。

　　c 仅适用于热熔施工的卷材。

2.3.3 氯化聚乙烯防水卷材（GB 12953—2003）

本标准适用于建筑防水工程用的以氯化聚乙烯为主要原料

制成的防水卷材，包括无复合层、用纤维单面复合及织物内增强的氯化聚乙烯防水卷材。产品按照有无复合层分类，无复合层的为 N 类、用纤维单面符合的为 L 类、织物内增强的为 W 类，每类产品按理化性能分为 Ⅰ 型和 Ⅱ 型。

N 类卷材理化性能如表 2-14 所示。

N 类卷材理化性能 表 2-14

序号	项目		Ⅰ 型	Ⅱ 型
1	拉伸强度（MPa）≥		5.0	8.0
2	断裂伸长率（%）≥		200	300
3	热处理尺寸变化率（%）≤		3.0	纵向 2.5 横向 1.5
4	低温弯折性		−20℃无裂纹	−25℃无裂纹
5	抗穿孔性		不渗水	
6	不透水性		不透水	
7	剪切状态下的黏合性（N/mm）≥		3.0 或卷材破坏	
8	热老化处理	外观	无起泡、裂纹、黏结与孔洞	
		拉伸强度变化率（%）	＋ 50 −20	±20
		断裂伸长率变化（%）	＋ 50 −30	±20
		低温弯折性	−15℃无裂纹	−20℃无裂纹
9	耐化学侵蚀	拉伸强度变化率（%）	±30	±20
		断裂伸长率变化（%）	±30	±20
		低温弯折性	−15℃无裂纹	−20℃无裂纹

序号	项目		Ⅰ型	Ⅱ型
10	人工气候加速老化	拉伸强度变化率（%）	＋50 −20	±20
		断裂伸长率变化（%）	＋50 −30	±20
		低温弯折性	−15℃无裂纹	−20℃无裂纹

注：非外漏使用可以不考核人工气候加速老化性能。

L 类及 W 类卷材理化性能如表 2-15 所示。

L 类及 W 类卷材理化性能　　　　表 2-15

序号	项目		Ⅰ型	Ⅱ型
1	拉力（N/cm）≥		70	120
2	断裂伸长率（%）≥		125	250
3	热处理尺寸变化率（%）≤		1.0	
4	低温弯折性		−20℃无裂纹	−25℃无裂纹
5	抗穿孔性		不渗水	
6	不透水性		不透水	
7	剪切状态下的黏合性（N/mm）≥	L 类	3.0 或卷材破坏	
		W 类	6.0 或卷材破坏	
8	热老化处理	外观	无起泡、裂纹、黏结与孔洞	
		拉力（N/cm）≥	55	100
		断裂伸长率（%）≥	100	200
		低温弯折性	−15℃无裂纹	−20℃无裂纹

续表

序号	项目		I 型	II 型
9	耐化学侵蚀	拉力（N/cm）≥	55	100
		断裂伸长率（%）≥	100	200
		低温弯折性	−15℃无裂纹	−20℃无裂纹
10	人工气候加速老化	拉力（N/cm）≥	55	100
		断裂伸长率（%）≥	100	200
		低温弯折性	−15℃无裂纹	−20℃无裂纹

注：非外漏使用可以不考核人工气候加速老化性能。

2.3.4 聚氯乙烯（PVC）防水卷材（GB 12952—2011）

该标准适用于建筑防水工程用的以聚氯乙烯为主要原料制成的防水卷材，按产品的组成分为均质卷材（代号 H）。带纤维背衬卷材（代号 L）、织物内增强卷材（代号 P）、玻璃纤维内增强卷材（代号 G）、玻璃纤维内增强带纤维背衬卷材（代号 GL）。产品性能如表 2-16 所示。

聚氯乙烯（PVC）防水卷材性能指标 表 2-16

序号	项目		指标				
			H	L	P	G	GL
1	中间胎基上面树脂层厚度（mm）≥		—			0.40	
2	拉伸性能	最大拉力（N/mm）≥	—	120	250	—	120
		拉伸强度（MPa）≥	10.0	—	—	10.0	—
		最大拉力是伸长率（%）≥	—	—	15	—	—
		断裂伸长率（%）≥	200	150	—	200	100

续表

序号	项目		指标				
			H	L	P	G	GL
3	热处理尺寸变化率（%）≤		20.	1.0	0.5	0.1	0.1
4	低温弯折性		−25℃无裂纹				
5	不透水性		0.3MPa，2h 不透水				
6	抗冲击性能		0.5kg·m，不渗水				
7	抗静态荷载 [a]		—		20kg 不渗水		
8	接缝剥离强度（N/mm）≥		4.0 或卷材破坏		3.0		
9	直角撕裂强度（N/mm）≥		50	—	—	50	—
10	梯形撕裂强度（N/mm）≥		—	150	250	—	220
11	吸水率（70℃，168h）/%	浸水后≤	4.0				
		晾置后≥	−0.40				
12	热老化（80℃）	时间（h）	672				
		外观	无起泡、裂纹、分层、黏结和孔洞				
		最大拉力保持率（%）≥	—	85	85	—	85
		拉伸强度保持率（%）≥	85	—	—	85	—
		最大拉力伸长率保持率（%）≥	—	—	80	—	—
		断裂伸长率保持率（%）≥	80	80	—	80	80
		低温弯折性	−20℃无裂纹				
13	耐化学性	外观	无起泡、裂纹、分层、黏结和孔洞				
		最大拉力保持率（%）≥	—	85	85	—	85
		拉伸强度保持率（%）≥	85	—	—	85	—
		最大拉力伸长率保持率（%）≥	—	—	80	—	—

续表

序号	项目		指标				
			H	L	P	G	GL
13	耐化学性	断裂伸长率保持率（%）≥	80	80	—	80	80
		低温弯折性	-20℃无裂纹				
14	人工气候加速老化[c]	时间（h）	1500[b]				
		外观	无起泡、裂纹、分层、黏结和孔洞				
		最大拉力保持率（%）≥	—	85	85	—	85
		拉伸强度保持率（%）≥	85	—	—	85	—
		最大拉力伸长率保持率（%）≥	—	—	80	—	—
		断裂伸长率保持率（%）≥	80	80	—	80	80
		低温弯折性	-20℃无裂纹				

注：a 抗静态荷载仅对用于压铺屋面的卷材要求。
　　b 单层卷材屋面使用产品的人工气候加速老化时间为2500h。
　　c 非外漏使用的卷材不要求测定人工气候加速老化。

2.3.5　改性沥青聚乙烯胎防水卷材（GB 18967—2009）

该标准适用于以高密度聚乙烯膜为胎基，上下两面为改性沥青或自粘沥青，表面覆盖隔离材料制成的防水卷材。按照产品施工工艺可以划分为热熔型和自粘型两种卷材，热熔型产品按改性剂的成分分为改性氧化沥青防水卷材、丁苯橡胶改性氧化沥青防水卷材、高聚物改性沥青防水卷材、高聚物改性沥青耐根穿刺防水卷材四类。产品代号如下：热熔型 T；自粘型 S；改性氧化沥青防水卷材 O；丁苯橡胶改性氧化沥青防水卷材 M；高聚物改性沥青防水卷材 P；高聚物改性沥青耐根穿刺防水卷材 R；高密度聚乙烯膜胎体 E；聚乙烯膜覆面材料 E。改性沥青聚乙烯胎防水卷材物理力学性能如表 2-17 所示。

改性沥青聚乙烯胎防水卷材性能指标　　　　表 2-17

序号	项目			指标				
				T				S
				O	M	P	R	M
1	不透水性			0.4MPa，3min 不透水				
2	耐热性（℃）			90				70
				无流淌，无起泡				无流淌，无起泡
3	低温柔性（℃）			−5	−10	−20	−20	−20
				无裂纹				
4	拉伸性能	拉力（N/50mm）≥	纵向	200			400	200
			横向					
		断裂伸长率（%）≥	纵向	120				
			横向					
5	尺寸稳定性	（℃）		90				70
		（%）≤		2.5				
6	卷材下表面沥青涂盖层厚度（mm）≥			1.0				—
7	剥离强度（N/mm）≥	卷材与卷材		—				1.0
		卷材与铝板						1.5
8	钉杆水密性			—				通过
9	持黏性（min）≥			—				15
10	自粘沥青再剥离强度（与铝板）（N/mm）≥			—				15

续表

序号	项目		指标				
			T				S
			O	M	P	R	M
11	热空气老化	纵向拉力（N/50mm）≥	200			400	200
		纵向断裂延伸率（%）≥	120				
		低温柔性（℃）	5	0	−10	−10	−10
			无裂纹				

第3章 防水材料行业生产工艺及产排污分析

3.1 防水材料生产工艺及产排污环节

3.1.1 沥青类防水卷材

主要生产工艺：沥青及其他辅料计量、配料、改性、浸油涂布、覆膜或矿物粒料、冷却、收卷、包装入库等。

有胎沥青防水卷材、无胎沥青防水卷材主要生产工艺分别如图 3-1、图 3-2 所示。

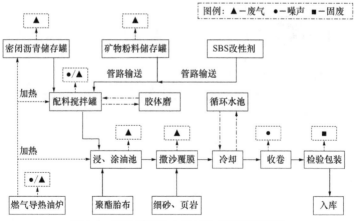

图 3-1 有胎沥青防水卷材生产工艺流程图

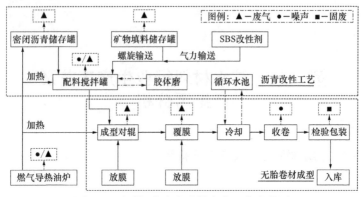

图 3-2　无胎沥青防水卷材生产工艺流程图

主要原辅材料：沥青、改性剂、软化油、填料、胎基、隔离膜等。

主要能源：天然气、液化石油气、电、生物质、煤、柴油等。

沥青类防水卷材的生产过程主要由三部分组成，即加热系统、配料系统和成型系统，如图 3-3 所示。

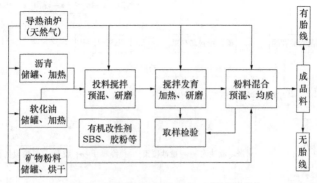

图 3-3　沥青防水卷材生产工艺及装备

加热系统主要是导热油炉，将导热油加热到需要的温度，对配料过程、浸油及涂油过程、烘干过程进行供热。配料系统主要是配料罐、计量设备和胶体磨，将各种原料进行混合配料。成型系统指整条生产线，包括预浸系统（浸油池）、涂盖系统（涂油池）、覆膜设备、冷却设备等，将原材料制成各种规格的沥青防水卷材。此外，辅助设备还有储料系统、环保系统，储料系统包括沥青储罐、沥青池等，主要用于沥青存储，环保系统包括废气、废水、固体废弃物等处理系统，对生产过程产生的污染物进行处理处置。

沥青卷材的生产过程中，加热的沥青涂盖料和沥青浸渍料会产生大量沥青烟气，在输送、加入填料（滑石粉等）、矿物料过程中产生一定的粉尘，这些因素都会对环境造成一定污染。

目前，防水卷材行业在环保方面的现状是，由于沥青类防水卷材生产过程中容易产生沥青烟气和工业粉尘，必须通过沥青烟气处理达到环保要求，但部分企业用废胶粉代替 SBS 改性材料，配以大量的废机油作为溶剂；为了再降低成本，加入大量石粉。以上几个因素迫使沥青改性过程加热温度过高（200℃以上），产生大量的有机废气，增加了废气处理难度。沥青、废胶粉、废机油加热过程产生的混合废气，以及低端废气处理装置产生的大量恶臭污水，在厂界及大气中四处弥漫，造成严重的环境污染。

1. 沥青存储环节

沥青基防水卷材主要原材料为沥青，占产品重量的 50% 左右。生产企业会按照生产规模存储沥青原材料，建筑防水卷材产品生产许可证实施细则要求企业配备密闭式沥青存储罐罐体积 500～1000m³。近年来沥青价格波动异常，部分企业为控制成本或期货囤积等原因会存储大量沥青。沥青的运输和存储一般以液态形式为主，过程中需要采用保温措施，沥青在一定的温度下呈液体形式就会有部分沥青烟和硫化物释放。部分企业在沥青卸料口采用敞开式卸料，并没有采取密闭或者烟气收集措施，会出现阶段性污染物排放。沥青储罐顶部预留废气排放口，在一定温度的作用下存储的沥青会产生烟气，烟气通过排放口溢出，应当配备相关吸收装置。

2. 配料环节

沥青混合料配料环节是沥青烟气、硫化物、颗粒物排放的重要环节。沥青混合料配料环节是指将沥青、废胶粉、软化油、填料、改性剂等物质在高温状态下持续搅拌以达到充分混合均匀分散的效果。该环节涉及填料的投放，填料一般指滑石粉或粉煤灰等，填料目数较高，容易悬浮在空气中形成颗粒物污染，更有部分企业还在采用手工投料方式，导致严重粉尘污染。高温搅拌下物料中的废胶粉会分解释放硫化物，软化油中的低分子的有机物挥发释放，最终在配料罐上方形成高浓度有异味的有机废气污染物，如果未采取有效密闭将导致污染物扩散至罐外。高浓度的有机废气污染物应采用排风收集装置处理，并经过环保设备处理达标后方可排放。

3. 预浸、涂布环节

沥青混合料完成配料后便通过密闭的保温管道输送至浸油池和涂油池。烘干后的胎基会先经过浸油池预浸，确保胎基完全浸透，再通过涂油池涂覆一定量的涂盖料。浸油池和涂油池都采用开放式生产工艺，产生大料沥青烟气，需采用烟气罩将浸油池和涂油池及延伸部位全体密闭，采用负压收集烟气，并将收集气体经过环保设备集中处理。烟气的收集与收集罩的风量有关，风量越大烟气收集越快，但对后方环保设备处理压力越大，会导致流速过快处理不彻底，排放不达标。风量小，烟气不易被输送走，导致烟气扩散至生产车间，烟雾缭绕。

4. 仓库存储

防水卷材在制备下线后经过托盘码垛仓库存储，大部分企业都配备了成品仓库，并且购置了立体货架。大量成品存储在密闭空间，尤其在夏季高温环境下，仓库的温度较高，导致成品释放异味物质，污染物浓度较低但也有影响，应配备通风换气装置，或者在换气装置处加净化措施。

3.1.2　沥青类防水涂料

沥青类防水涂料主要包括热沥青防水涂料及乳化沥青防水涂料。沥青类防水涂料主要生产原料为沥青，生产过程与改性沥青防水卷材有相似之处，会产生沥青烟气，乳化过程会产生VOCs及水汽，填料加入会产生粉尘，相对沥青卷材生产，污染物排放量要低得多。

3.1.3　高分子防水卷材

高分子防水卷材是以合成橡胶、合成树脂或者两者共混体系为基料，加入适量的各种助剂、填充料等，经过混炼、塑炼、压延或挤出成型、硫化、定型等加工工艺制成的片状可卷曲的防水材料。

高分子类防水材料品种很多，一般基于原料组成及性能分为：橡胶类、树脂类和橡塑共混。较有影响的塑料防水卷材品种有：PVC、PE（HDPE、LDPE）、EVA、ECB 等防水材料。其中聚乙烯类防水卷材得到最广泛应用，得益于其物美价廉的优势。另外有易加工，施工简单，幅宽最高可达 10m 左右，铺设时焊缝数目少，可提高施工效率，工程造价低等优势。

3.1.4　防水涂料

1. 聚合物乳液水性防水涂料和水泥基组分

生产过程主要是在聚合物乳液中加入助剂、粉料，粉料混合包装，生产过程中聚合物乳液是常温物理分散搅拌过程，VOCs 排放小，粉料混合包装过程会产生粉尘。

2. 聚氨酯、聚脲防水涂料等

生产过程涉及聚合物单体的预聚过程，与化工行业的聚氨酯材料生产过程类似，会产生 VOCs 排放，主要是聚合物单体及低聚物，包括游离异氰酸酯（其易与水反应消解），填料加入产生的粉尘。

防水涂料生产工艺中基本都要求采用密封的反应釜，主要产排污节点在物料投放、反应、放料口灌装等环节。

防水涂料物料投放可采用管道投放，物料投放结束后关闭投料口，如采用人工投放会导致粉尘和 VOCs 排放，并且人工投放也不能确保物料的称重。现在也在推行粉料的液下加料，可有效减少粉尘排放。

反应釜内液体在反应时需要一定的加热温度，同时部分工艺需要真空负压，会导致部分 VOCs 和粉尘随着反应釜顶端的抽气管道排出，需要导入配套的环保设备净化处理。放料口灌装环节为快速分装工艺，液料从出料口流出至包装桶，即便立刻称量密封，还是会有低浓度 VOCs 排放，需要采用收集罩收集 VOCs。

3. 刚性防水涂料

以水泥材料为主要原料加入其他助剂混配而成，混合包装过程会产生粉尘。

3.2　防水卷材行业主要污染物

3.2.1　沥青类防水卷材

沥青类防水卷材生产过程中的最主要的特征污染物为沥青烟、颗粒物（粉尘）、硫化物、VOCs 等。

1. 沥青烟

沥青烟主要来自沥青储罐、沥青改性、浸油涂布等。

沥青烟气是含多种气态和粒态化学物质的混合烟气。凡是加工、制造和一切使用沥青、煤炭、石油的企业，在生产过程中均有不同浓度的沥青烟产生。沥青的成分复杂，不同的沥青成分之间的变化很大，因而沥青烟的成分也相当复杂，总体上讲沥青烟主要是多环芳烃（PAH）及少量的氧、氮、硫的杂环化合物。已知其中有萘、菲、酚、咔唑、吡啶、吡咯、吲哚、苊等 100 多种。在这些组分中，有几十种物质是致癌物质，特别是沥青烟中的苯并（a）芘，对动物、植物、人体都会造成严重的危害，是一种强致癌物。正因为如此，沥青烟必须及时治理。

沥青烟气的排放量与沥青原料、配方、投料方式、加热温度等密切相关。在所有沥青基防水卷材的生产过程中，均需要对沥青加热、输送并制成各种工艺要求的沥青类混合料供生产使用。在此工艺中，会产生大量的沥青烟气。当沥青烟气浓度达到一定程度时，烟气中含有多种有机物，如苯并（a）芘、苯并蒽、咔唑等多种物质。这些大多是致癌和强致癌物质，粒径在 0.1～1.0μm 之间，最小的 0.01μm，其危害人体健康的途径是附着在 0.1～8μm 的飘尘上经呼吸道被吸入人体内，导致发生皮炎、结膜炎、胸闷等症状，尤其是沥青烟气中含的 3,4- 苯并（a）芘容易导致皮肤癌、胃癌和肺癌等疾病，增加人的呼吸系统、心血管系统疾病发病率，同时还会破坏当地生态环境，污染土壤、水体。

2. 颗粒物

颗粒物的主要来源是原材料中的填料、胶粉和矿物粒料，主要来自物料输送、粉料投加过程，以及导热油炉。沥青防水卷材生产时需要加入填料，一般为滑石粉或粉煤灰等；有的卷材采用胶粉改性，因此还会投入胶粉；有的卷材表面是覆砂或覆矿物粒料的产品，在生产过程中有覆砂的过程。因此，在输送填料和胶粉的过程中，覆砂的过程中，会产生颗粒物和粉尘的排放。

颗粒物主要排放源为填充料添加口和撒布与覆膜设备。

3. 硫化物

我国的沥青防水卷材往往会用废胶粉代替 SBS 改性材料，配以大量的废机油作为溶剂。胶粉是指废旧橡胶制品经粉碎加工处理而得到的粉末状橡胶材料，防水卷材行业一般使用汽车废弃轮胎制成的胶粉。胶粉的来源和工艺有较大的差别。添加胶粉后势必需要升高沥青搅拌罐的温度才能混合均匀,如果使用未脱硫的废胶粉,经过高温生产和反应,会产生大量的硫化物恶臭物质在大气中弥漫。恶臭物质也是周围居民投诉企业污染排放最主要的原因。

4. VOCs

VOCs 主要来自沥青储罐卸料及储存过程,配料、改性及浸油涂布等生产工序。

5. SO_2、NO_x

SO_2、NO_x 主要来自导热油炉。

3.2.2 高分子防水卷材

高分子类防水卷材以合成橡胶、合成树脂或两者的共混体系为基料。其中,塑料类防水卷材生产过程中的特征污染物为颗粒物和挥发性有机物。橡胶类防水卷材由于国内自动化程度低,橡胶的塑炼、混炼过程是敞开式的,会产生较多粉尘和烟气。颗粒物主要产生于物料输送、大量物料投加及配合剂应用过程。特征污染物如下:

1. 残存有机单体的释放

合成橡胶在高温热氧化、高温塑炼、燃烧条件下,会解离出微量的单体和有害分解物,主要是烷烃和烯烃衍生物。

2. 有机溶剂的挥发

部分企业会使用汽油等作为有机稀释剂。

3. 热反应生成物

高分子防水卷材生产过程多在高温条件下进行,易引起各种化学物质之间的热反应,形成新的化合物。

相对于沥青基防水卷材，高分子卷材在生产过程中不产生沥青烟、苯并（a）芘，车间内粉尘和悬浮颗粒物较少，环保压力相对较小。

3.2.3 防水涂料

防水涂料生产工艺中基本都采用密封的反应釜，主要污染物为挥发性有机物和粉尘。

第4章 防水材料行业全过程污染防治技术措施与方案

近10年来，建筑防水行业得到较快速的发展，绿色发展、质量提升、节能减排等各项国家政策对行业技术进步产生积极影响，行业企业在能源利用、绿色原料选用、生产工艺及装备优化、节能减排新技术等方面不断探索。本章从源头替代、过程控制、末端治理等方面梳理了防水卷材行业污染防治技术，并提出了防水材料行业环境提升方案。

4.1 源头替代

对于沥青类防水材料的污染防控，前端原辅材料的输入控制远比后端的环保设备重要。

（1）劣质原材料带入的污染物，将伴随整个生产过程，在产品的施工和使用过程中会持续排放，危害环境和人身健康。

（2）原材料的不同会直接影响产品的生产工艺，有些材料的加入会要求提高生产过程中的加热温度，温度越高，烟气排放越大，后端环保设备处理的压力就越大。

（3）原材料的质量直接影响产品质量、产品寿命、工程质量、工程寿命，间接涉及后期维护、修缮、拆除、重建、回收、固废处理清运，成本巨大，将造成社会资源的严重浪费。

（4）根据当前绿色制造、高品质产品（如耐久性）的要求，选择更加环保的无毒、无污染、易被自然界分解和吸收的材料或易回收、易处理、可重复使用的原料（如低烟或无烟沥青）、废弃物利用（如粉煤灰等），减少低质量胶粉的应用等，可使产品的使用年限更长、污染物排放更少，从而达到节能减排的效果。

4.1.1　选用高等级国标石油沥青

沥青产品成分非常复杂，不同地域产的沥青成分性能各异；即便同一产地的沥青，批次不同，性能也有差异。它是防水材料最重要的原材料，也是主要污染物沥青烟的来源。高等级国标石油沥青可以减少回配和软化油的加入，降低加热温度，降低生产能耗，减少沥青烟的排放，还可提高产品耐久性。防水行业"十三五"规划中也提出了对低（无）烟气沥青的开发和使用。

4.1.2　不使用废机油作为软化油

根据《中华人民共和国固体废物污染环境防治法》《危险废物经营许可证管理办法》《危险废物转移联单管理办法》等规定，废机油、柴油、重油等均属于国家规定的危险废物。产生危险废物的单位和个人，必须向环境保护行政主管部门申报危险废物的种类、产生量、流向、贮存、处置等有关资料，并按国家有关规定处置危险废物。废机油中混入了水分、灰尘、其他杂油和机件磨损产生的金属粉末等杂质，导致颜色变黑，黏度增大，生成了有机酸、胶质和沥青状物质。废机油成分复杂，含有大量可在高温环境下挥发的芳香烃及含苯环类物质，对环境和人体造成危害。

4.1.3 采用 SBS 热塑性弹性体、APP 塑性体等作石油沥青改性剂

苯乙烯-丁二烯-苯乙烯（SBS）热塑性弹性体是重要的沥青改性剂，可显著改善产品的高低温性能和耐久性。国内目前大部分企业使用废橡胶粉替代 SBS，用废机油溶解废橡胶粉。

4.1.4 禁止劣质废橡胶粉的使用

国内几乎全部的改性沥青防水卷材都添加橡胶粉，劣质废橡胶粉的加入会造成生产温度高、能耗高、烟气排放严重、气味大。废橡胶粉中的硫化物是防水材料生产和使用过程中"臭气"的主要来源，也是周边居民投诉最多的问题。由于废橡胶粉在沥青中溶解分散困难，采用高温和添加废机油等方法生产，其中采用的杂品废旧橡胶加工的废橡胶粉高温加热后的耐老化性能极差，又加入了废机油等溶剂，生产出的防水材料质量较差。随着油分的渗出迁移及自然降解，材料会完全失去防水性能，造成工程渗漏及建筑物破坏。因此，应逐步考虑全面禁止劣质的废橡胶粉的添加。

4.1.5 助剂研发

通过研发相关助剂（降黏、助溶、分散、除味剂等），可

实现低温、高效、减排、节能，大幅降低成本，提高产品质量。

4.1.6 绿色能源

选择风能、太阳能、核能、生物质能等清洁能源，逐步减少化石能源的应用占比。如在厂区道路照明、公共区域照明可利用太阳能；在有地热资源的地区，供暖、洗浴间等热水供应采用地热资源；锅炉热源采用热值高的天然气等。

4.2 过程控制

通过工艺、装备的完善和提升，实现清洁生产、绿色制造。改性沥青防水材料生产过程控制主要体现为物料输送——热量交换——搅拌分散——均化研磨——废气回收等过程的控制。

物料输送：选用高效能的物料输送设备（液体泵、粉料输送机等），全程密闭输送，杜绝无组织排放。

热量交换：采用清洁能源、高效燃烧器、提高热交换率（使用沥青专用换热装置、石粉预热、导热油炉尾热能量回收装置等）。

搅拌分散：根据物料状态，科学合理地选用高效节能搅拌分散系统（如改性沥青专用的内循环螺旋提升搅拌器、高速推进分散液下加料器等）。

均化研磨：推广使用低能耗、高效率剪切式均质均化装置。

废气回收：实现生产过程全程废气封闭式回收。

4.2.1　生产工艺控制技术

1. 液下快速分散加（投）料工艺

该工艺提高了改性沥青分散熔化效率和配料安全性，使粉体料分散效果更好、挥发更少，提高了生产效率和质量，减少了由于粉料挥发带来的粉尘污染、火灾等环境安全隐患。

2. 沥青低温改性技术

通过高效分散搅拌、液下投料、均质均化等设备及相关助剂的介入，在保障沥青改性效果的前提下，大幅降低了沥青的改性温度，减少沥青在高温改性过程中有害废气的产生，同时也降低了高温改性带来的安全隐患。

3. 沥青储罐节能保温加热技术

通过在沥青储罐中设置内加热罐（一般为 $10\sim20m^3$），对内储罐加热，实现沥青快速熔化，可保障生产线及时开工，节省储罐长期保温带来的能耗损失。

4. 锅炉尾气回收利用技术

通过将燃气锅炉尾气（300℃～400℃）回收加热管路给沥青储罐加热保温，达到余热利用和节能的目的。

5. 沥青原料预热升温技术

沥青原料在输送料过程中完成加热，达到生产工艺指定温度，使配料时间节省 $1\sim2h$，并减少烟气的排放量。

6. 粉料预热烘干技术

通过对粉体料储罐加热烘干（可采用余温加热），减少因矿物粉料潮湿、温度低造成的凝胶，可提高搅拌效率，减少耗电。

7. 二次导热油循环系统

生产过程中不同工序对高温和低温的需要不同（如涂料生产时物料脱水温度一般在120℃左右，可采用二次换热控制导热油温度），通过二次导热油循环系统可减少整体高温情况下的热辐射损耗，节约了能源，降低了污染物排放，同时减少了高温带来的安全隐患。

4.2.2　节能设备设施

（1）使用符合现行国家标准《三相异步电动机经济运行》GB/T 12497、《离心泵、混流泵、轴流泵与旋涡泵系统经济运行》GB/T 13469、《通风机系统经济运行》GB/T 13470、《电力变压器经济运行》GB/T 13462、《工业锅炉经济运行》GB/T 17954和《电加热锅炉系统经济运行》GB/T 19065等标准要求的电动机、泵、通风机、变压器、工业锅炉、电加热锅炉等通用耗能设备。

（2）中小型三相异步电动机、容积式空气压缩机、通风机、清水离心泵、三相配电变压器等通用耗能设备，要达到现行国家标准《电动机能效限定值及能效等级》GB 18613、《容积式空气压缩机能效限定值及能效等级》GB 19153、《通风机能效限定值及能效等级》GB 19761、《清水离心泵能效限定值及节能评价值》GB 19762、《电力变压器能效限定值及能效等级》GB 20052等相应耗能设备能效标准中节能评价值的要求。

（3）变压器采用非晶合金低损耗的干式变压器，比常规硅钢片干式变压器损耗小30%；厂区照明采用低频等离子体放电无极灯及LED光源，单体能耗降低60%；空压机、水泵、空调采用变频常压控制技术，有效降低无效能耗。

（4）推广使用低能耗、高效率叠片剪切式均质均化装置。

（5）叠片剪切式均质均化装置。在动片的作用下，叠合的动、静片间形成强烈、往复的液力剪切、摩擦、离心挤压、液流碰撞等综合效应，使物料在叠合的动、静片被反复剪切研磨，最终获得优质的细化改性沥青混合料。叠片剪切式均质均化装置与传统研磨机相比，减少电机功率 60% 以上，且大幅度提高改性沥青成品料的细腻度，解决了改性沥青卷材表面质量问题。

4.3　末端治理

4.3.1　沥青烟气治理技术

沥青烟气一般是指沥青及其沥青制品在生产、加工和使用过程中形成的液固态烃类颗粒物和少量气态烃类物质的混合烟雾。我们通常所说的沥青 VOCs（volatile organic compounds）是从大气 VOE 的定义中延伸出来的，通常是指沸点 50℃～260℃、饱和蒸气压（室温下）超过 133.32Pa 的有机化合物，其主要成分为烃类、卤代烃、氮烃、含氧烃、硫烃以及低沸点的多环芳香烃等。沥青在高温条件下产生的气溶胶的沸点远超大气 VOE 的定义范围，所以一般将沥青 VOE 定义为在高温条件下能从沥青表面挥发出来的气溶胶（粒径＜10μm）和气体物质。

由于防水行业内改性沥青防水材料生产过程大部分企业采

用废旧橡胶粉作改性剂，产生大量的废气，这给末端治理带来很大压力和难度。目前，还没有一种独立的技术方法能够彻底处理添加废旧橡胶粉的改性沥青防水材料生产过程中产生的烟气。

沥青防水行业废气通常的处理方法为：沥青烟气经密闭收集，采用喷淋洗涤、高压静电捕集、燃烧工等组合工艺进行处理，或去除颗粒物（沥青烟）后，采用燃烧工艺进行处理。

1. RTO 蓄热燃烧处理技术

RTO 采用三室蓄热陶瓷热力焚烧装置，一个焚烧炉膛，三个能量回用体（陶瓷蓄热体），通过阀门的切换，回收高温烟气温度，达到节能净化效果（图 4-1）。待处理有机废气经废气风机进入 1 号蓄热室的陶瓷介质层（该陶瓷介质"贮存"了上一循环的热量），陶瓷释放热量，温度降低，而有机废气吸收热量，温度升高，废气离开蓄热室后以较高的温度进入氧化室，此时废气温度的高低取决于陶瓷体体积、废气流速和陶瓷体的几何结构。在氧化室中，有机废气再由燃烧器补燃，加热升温至设定的氧化温度，使其中的有机物被分解成二氧化碳和水。由于废气已在蓄热室内预热，燃烧器的燃料用量大为减少。氧化室有两个作用：一是保证废气能达到设定的氧化温度；二是保证有足够的停留时间使废气中的 VOCs 充分氧化，停留时间大于 1s。废气流经 1 号蓄热室升温后进入氧化室焚烧，成为净化的高温气体后离开氧化室，进入蓄热室。2 号（在前面的循环中已被冷却），释放热量，降温后排出，而 2 号蓄热室吸收大量热量后升温（用于下一个循环加热废气）。处理后气体离开 2 号蓄热室，经烟囱排入大气。一般情况下排气温度

比进气温度高约 60℃。循环完成后，进气与出气阀门进行一次
切换，进入下一个循环，废气由 2 号蓄热室进入，3 号蓄热室
排出，能量被 3 号炉内的陶瓷蓄热体截留，用于下一次循环。
如此交替循环，产生的能量全部被蓄热体贮存起来，用于预热
需要处理的废气，以达到节能效果。

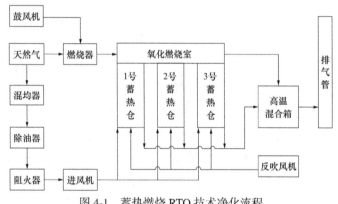

图 4-1 蓄热燃烧 RTO 技术净化流程

该方法简单有效，容易实施，但投资较大，燃料耗费大，
运行成本较高，当烟气量较小时并不合适。

2. 高压静电捕集

高压静电法基于静电场性质，高压直流电源产生的负高压
接入电晕极（阴极），电晕极与蜂窝板（阳极）之间产生电场，
沥青烟中的颗粒及大分子进入电场后，在静电场的作用下可以
载上不同的电荷，并趋向阳极极板，被捕集后聚集为液体状，
靠自身重量顺蜂窝板流下，从静电捕集器底部定期排出，净化
后的烟气排出，从而达到净化沥青烟的目的。由于沥青的比电
阻值适宜，对金属无腐蚀作用，经捕集后呈液体，静电捕集

法净化沥青烟气有较好的效果。高压静电捕集器的结构原理如图 4-2 所示。

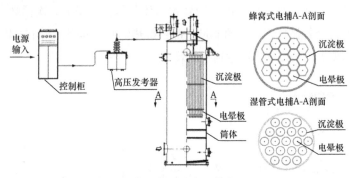

图 4-2　高压静电捕集器结构原理

高压静电法的优点是：

（1）回收的沥青呈焦油状，可返回生产系统或作燃料使用；

（2）系统阻力小，能耗少，运行费用低。

高压静电法的缺点是：

（1）烟气温度过高不利于静电捕集，温度过低，沥青易凝结在极板上清理困难；

（2）处理粉尘含量较大的沥青混合烟气时需进行水洗喷淋处理，增加污水处理环节；

（3）长期运行维护费用较高。

3. 其他处理方法

以下几种方法通常作为预处理方法，与其他处理技术结合应用。

（1）机械分离法：沥青烟气中含有粉尘时，向其中喷蒸汽或水雾以增大烟气颗粒直径，然后在沉降室或旋风除尘器中使气体与颗粒分离，可达到净化沥青烟气的目的。

（2）冷凝法：沥青烟气经过冷凝，可增加烟气中雾粒的粒径，因而有利于对沥青烟气进行净化处理。作为沥青烟气净化的一种辅助手段，冷凝物脱出难度较大，应与其他净化方法结合起来应用。

（3）吸收净化法：俗称洗涤法，将烟气中气态污染物（$0.1 \sim 1.0 \mu m$ 的焦油细雾粒）转移到液相吸收剂，从而达到净化烟气的目的。

对于沥青防水材料行业这种相对少量的沥青烟气进行处理时，用水作为吸收剂最为简单有效。沥青烟气中的焦油细雾粒被水吸附后，基本不溶于水，也不会发生反应产生新的化合物，只是形成浮油漂浮在水面，积累到一定程度即可收集回收利用。

板式吸收塔是适合要求的一种吸收设备。板式吸收塔内有多块板式分离部件。水从塔顶部进入，顺塔板向下逐级流下，沥青烟气从塔底部引入向上逐级穿过塔板，沥青烟气和水在塔板上充分接触进行吸收、传热。板式吸收塔的结构形式有很多种，筛板塔是结构简单且实用的一种。筛板塔的塔板上设计有若干一定直径的网孔，其开孔率及筛板层数应根据处理能力、压降等计算确定。该方法投资少，并且运行费用低、操作方便等。水作为吸收剂经过净化处理后可循环使用。

（4）吸附净化法：用多孔固体（如活性炭）将废气混合物中的一种或多种组分积聚或凝缩在表面，达到分离的目的。沥青烟气吸附净化法的主要设备为固定床式吸附器，一般为圆柱形立式结构（图4-3），内置格板或孔板，其上放置滤料。沥青烟气从容器内通过，穿过滤料间隙，经吸附后排出或进入下一道工序。最常用的吸附剂为活性炭，可同时实现脱除沥青烟和恶臭气体。吸附净化法应用在沥青烟气处理中，在除味方面也有较明显的效果，可根据具体情况与其他方法结合使用，但会产生过滤吸附剂二次污染问题。

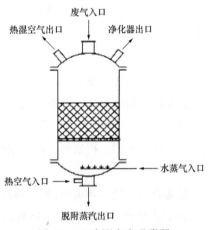

图 4-3   立式固定床吸附器

4.3.2 废水

目前防水卷材行业前级处理 80% 以上都采用水洗涤，而采用水洗涤必然会有污水产生，通过循环水洗涤使废气快速冷凝，将沸点低于水温的气态有机物冷凝成液态，并把粒径较小的焦油细雾粒（0.1～1.0μm）的粒径增大，然后转移到水中，而粒径较大的焦油粒则被直接冲洗下来。液态有机物和焦油细雾粒被水吸附后，基本不溶于水，也不会发生反应产生新的化合物，只是形成浮油漂浮在水面，可以很容易通过油水分离技术把油和水分离，从而使后级处理装置能正常运行。

洗涤水经多次循环后，水质必然会越来越差，如果不及时加以处理就会造成以下后果：

（1）水洗涤效率越来越低。由于长期循环使用，水中有机物浓度越来越高，吸收能力也就越来越差，当达到饱和程度时就会丧失洗涤作用。

（2）由于水中有机物浓度高，乳化和发酵的现象就很严重，可能出现水质变黑、水面产生大量乳化泡沫等现象，严重时会散发大量的臭味，污染周围环境。

（3）水中有机物中含有较多的有害物质，如苯并（a）芘等，一旦发生外溢将会严重污染下水管道。

（4）冲洗水水池中的颗粒物越积越多，如不加以清除，会加快气液分离器及管道的堵塞。

喷淋洗涤后的循环水处理设施应采用专业油、水、渣分离设备。通过投药絮凝，机械分离油污后，使用微生物法等技术工艺进行洗涤水的脱味处理。

4.3.3 固废

防水卷材企业生产过程中产生的一般固体废弃物包括废包装材料、除尘灰、生活垃圾等，按照国家规范要求建设一般固体废物贮存场所，分类贮存。危险废物包括废活性炭、废导热油、废冷凝液等，贮存应符合现行国家标准《危险废物贮存污染控制标准（2013年修改）》GB 18597 的相关规定，危险废物贮存场所应严格按照《危险废物贮存污染控制标准（2013年修改）》要求建设。贮存场所应设置危险废物标识，执行双人双锁制度，危险废物应统一交由资质处置单位处置，应做好收集转移等台账记录。

4.4　提升方案

为进一步落实习近平生态文明思想，深刻把握"绿水青山就是金山银山"的重要发展理念，持之以恒推进生态文明建设，促进环境质量持续改善，切实加强防水卷材行业环境污染防治工作，提升企业生产全过程污染防控水平，促进行业向规模化、绿色化和高质量发展，特制定本方案。

4.4.1　基本原则

深入贯彻落实党的十九大精神，以习近平新时代中国特色社会主义思想和习近平生态文明思想为指导，以改善生态环境质量为目标，解决防水卷材行业突出环境问题，推动防水卷材行业健康、规范和可持续发展。

4.4.2　工作目标

通过摸底调查防水卷材行业企业污染物排放的基本信息，制定源头替代、工艺过程控制、末端治理和强化管理相结合的全过程控制方案，并结合环境状况和企业防水卷材生产工艺和产污环节，加强防水卷材行业环境综合治理。严格环境管理，开展有关监测，全面提升防水卷材行业清洁生产水平和污染防治能力，推动防水卷材行业企业实现清洁化生产。

4.4.3 工作方案

4.4.3.1 合规性要求

（1）严格执行环境影响评价制度和"三同时"验收制度，获得环评批复，并通过了"三同时"验收。如涉及项目性质、规模、地点、生产工艺和环境保护措施五个因素中的一项或一项以上发生重大变动的，应向原环境影响评价文件审批部门和建设项目审批部门备案。对非法企业依法予以关停取缔。［参照《中华人民共和国环境影响评价法》（中华人民共和国主席令第二十四号，2018年修正）］

（2）依法办理排污许可证，进行排污许可证登记，并按照排污许可证的规定排放污染物，实际排放量不能超过许可证的许可排放量［参照《排污许可管理办法（试行）》《中华人民共和国环境保护部令第48号）及现行环境标准《排污许可证申请与核发技术规范 陶瓷砖瓦工业》HJ/T 954］。

（3）安全生产"三同时"执行到位，建设项目安全设施必须与主体工程同时设计、同时施工、同时投入生产和使用［参照《建设项目安全设施"三同时"监督管理办法》（国家安全生产监督管理总局令第36号，2015年修改版）］。

4.4.3.2 原辅材料要求

（1）应选用高等级国标石油沥青，禁止使用煤沥青和煤焦油。

（2）禁止使用废机油作为软化油。

（3）应采用苯乙烯-丁二烯-苯乙烯（SBS）热塑性弹性体、无规聚丙烯（APP）塑性体或其他功能相类似的热塑性弹性体及塑性体作石油沥青改性剂。

（4）减少胶粉的使用。

4.4.3.3　物料储存及使用

1）液体沥青运输、储存、装卸等过程密闭。卸沥青槽密闭，沥青采用密闭管道输送投加，沥青槽及沥青储罐废气经密闭收集引至废气处理系统。固体沥青应储存于原料库内，采取密闭或苫布遮盖等防护措施，禁止露天堆放，禁止敞开式卸料。

2）滑石粉等粉体料装卸过程采用密闭管道输送投加，滑石粉储罐呼吸口安装粉尘收集装置，储罐顶部及罐体周边无滑石粉撒落。鼓励安装粉料仓料位高位报警装置，防止发生爆仓造成粉尘逸散。

3）软化油等液态 VOCs 物料应采用密闭管道输送投加、储存、装卸等过程密闭，采用非管道运输方式转移时，应采用密闭容器、罐车，卸车连接口密封，无明显气味，无跑冒滴漏现象。

4）砂、页岩片等矿物粉粒状物料的转移、输送、装卸过程中产尘点应采用袋式除尘、滤筒除尘等工艺处理。除尘器卸灰口应采取遮挡等抑尘措施，除尘灰不得直接卸落到地面。除尘灰采取袋装、罐装等密闭措施收集、存放和运输。

5）原辅材料、成品等应在仓库储存，分类存放，禁止露天堆存，仓库应硬化地面。鼓励企业在仓库安装集气系统，将无组织逸散的 VOCs 导入废气收集处理设备。

6）挥发性有机液体储罐物控制要求

（1）储罐控制要求

① 储存真实蒸气压不低于 76.6 kPa 的挥发性有机液体储罐，

应采用低压力罐、压力罐或其他等效措施。

② 储存真实蒸气压不低于 27.6kPa 但低于 76.6kPa 且储罐容积不低于 75m³ 的有机液体储罐，应符合下列规定之一：

A 采用浮顶罐。对于内浮顶罐，浮顶与罐壁之间应采用浸液式密封、机械式鞋形密封等高效密封方式；对于外浮顶罐，浮顶与罐壁之间应采用双重密封，且一次密封应采用浸液式密封、机械式鞋形等高效密封方式；

B 采用固定顶罐，排放的废气应收集处理并满足《大气污染物综合排放标准》GB 16297 的要求，或者处理效率不低于90%；

C 采用气相平衡系统；

D 采取其他等效措施。

（2）储罐运行维护要求

① 浮顶罐

A 浮顶罐罐体应保持完好，不应有孔洞、缝隙。浮顶边缘密封不应有破损；

B 储罐附件开口（孔），除采用、计量、例行检查、维护和其他正常活动外，应密闭；

C 支柱、导向装置等储罐附件穿过浮顶时，应采取密封措施；

D 除储罐排空作业外，浮顶应始终漂浮于储存物料的表面；

E 自动通气阀在浮顶处于漂浮状态时应关闭且密封良好，仅在浮顶处于支撑状态时开启；

F 边缘呼吸阀在浮顶处于漂浮状态时应密封良好，并定期检查定压是否符合设定要求；

G 除自动通气阀、边缘呼吸阀外，浮顶的外边缘板及所有通过浮顶的开孔接管均应浸入液面下。

②固定顶罐

A 固顶罐罐体应保持完好，不应有孔洞、缝隙；

B 储罐附件开口（孔），除采样、计量、例行检查、维护和其他正常活动外，应密闭；

C 定期检查呼吸阀的定压是否符合设定要求。

③维护与记录

挥发性有机液体储罐若不符合上述运行维护要求规定，应记录并在90d内修复或排空储罐停止使用。如延迟修复或排空储罐，应将相关方案报市生态环境局确定。

4.4.3.4　工艺过程

1. 配料工段

（1）采用全密闭、连续化、自动化等生产技术，以及高效工艺与设备等，禁止采用人工开盖直接投料方式，减少工艺过程无组织排放。鼓励企业采用液下加（投）粉体原料的设备工艺，提高液料和粉料的混合分散效率，减少污染物排放。

（2）熔化池密闭。胶粉、改性剂等使用螺旋绞龙或斗式提升机等密闭输送设备，上料斗斗口处应安装粉尘收集装置。滑石粉经密闭管道由计量泵输入搅拌罐内。

（3）搅拌罐密封，搅拌罐内工艺温度不超过1℃，应在每个密封式搅拌罐的罐壁设置单独的温控装置。

（4）根据工艺要求，鼓励在搅拌罐下部或循环管路上安装沥青专用取样阀，避免半成品和成品取样时打开配料罐或观察口盖造成沥青烟气无组织排放。

（5）搅拌罐内废气密闭收集，引至废气处理系统。

2. 浸油、涂布工段

（1）浸油、涂布工序密闭，密闭设施应尽量贴近浸油池、涂油池等形成全密闭作业空间，鼓励塑钢结构二次密闭。

（2）车间废气捕集率不低于 90%。计算方法：以有组织排放的实际风量与车间所需新风量的比值作为废气捕集率，根据车间空间体积和 60 次 /h 换气次数计算新风量。

计算公式：

废气捕集率＝车间实际有组织排气量 / 车间所需新风量

车间所需新风量＝ 60× 车间面积 × 车间高度

3. 撒砂、覆膜工段

（1）撒砂、覆膜工序密闭，撒砂覆膜机应置于密闭空间内，确实无法密闭的，应在产生烟气部位或设备安装高效集气装置等措施，废气捕集率不低于 90%。

（2）涂油池至撒砂覆膜区间密闭，无法密闭的，采取局部气体收集措施，废气排至废气收集处理系统。

4.4.3.5　废气收集

（1）应考虑生产工艺、操作方式、废气性质、处理方法等因素，对 VOCs 废气进行分类收集。

（2）废气收集系统排风罩（集气罩）的设置应符合现行国家标准《排风罩的分类及技术条件》GB/T 16758 的规定。采用外部排风罩的，应按现行国家标准《排风罩的分类及技术条件》GB/T 16758 规定的方法测量控制风速，测量点应选取在距排风罩开口面最远处的 VOCs 无组织排放位置，控制风速不应低于 0.3m/s。

（3）废气收集系统的输送管道应密闭。废气收集系统应在负压下运行，若处于正压状态，应对输送管道组件的密封点进行泄漏检查，泄漏检测值不应超过 500μmol/mol，亦不应有感官可察觉泄漏。

（4）气体收集与输送应满足现行环境标准《大气污染治理工程技术导则》HJ 2000 的要求，集气方向与污染气流运动方向一致，管路应有明显的颜色区分及走向标识。

（5）所有气体收集管路不得有破损，管线连接处需有密封垫等密封措施。

（6）废气收集系统应与生产工艺设备同步运行。废气收集处理系统发生故障或检修时，对应的生产工艺设备应停止运行，待检修完毕后同步投入使用；生产工艺设备不能停止运行或不能及时停止运行的，应设置废气应急处理设施或采用其他替代措施。

（7）排气筒高度不低于 15m，具体高度以及与周围建筑物的相对高度关系应根据环境影响评价文件确定。

4.4.3.6 污染防治设施

1. 废气

废气密闭收集至末端处理设施，末端治理设施可按照《重污染天气重点行业应急减排措施制定技术指南（2020 年修订版）》，优先采用燃烧工艺处理，推荐采用洗涤、喷淋、高压静电捕集等组合工艺处理，废气排放满足现行国家标准《大气污染物综合排放标准》GB 16297 的要求。

2. 粉尘

除尘器在日常使用过程中，应至少每两周进行 1 次检查和清灰，以保证除尘器的正常运转和使用，任何时候粉尘沉积厚度不应超过 3.2mm。

3. 废水

含油废水禁止外排。循环水池应密闭，现场无明显异味。建议增加废水处理系统（油水及水污分离）进一步处理喷淋洗涤循环水，并做好收集处理等台账记录。

4. 固废

一般固体废弃物包括废包装材料、除尘灰、生活垃圾等，按照国家规范要求建设一般固体废物贮存场所，分类贮存。危险废物贮存应符合《危险废物贮存污染控制标准（2013 年修改）》，贮存场所应设置警示标志，危废的容器和包装物粘贴危废识别标志，执行双人双锁制度，危险废物应统一交由资质处置单位处置，做好收集储存转移等台账记录（表 4-1、表 4-2）。采用活性炭所产生的废活性炭按照危险废物进行收集、贮存，并委托有相应危险废物经营资质的单位进行妥善处置，严格执行危险废物转移计划审批和转移联单制度。

危险废物类别　　　　　　　　　　表 4-1

贮存场所名称	危险废物名称	危险废物类别
危废间	废活性炭	HW49
	废 UV 灯管	HW29
	废导热油	HW08
	废冷凝液、废洗油	HW08
	电捕沥青渣	HW11
	清罐油泥	HW11

危废标识样例　　　　　　　　　　　　　　　　　　表 4-2

场合	样式	要求
1.适用于室内外悬挂的危险废物警告标志		1）危险废物警告标志规格颜色： 　　形状：等边三角形，边长 40cm 　　颜色：背景为黄色，图形为黑色 2）警告标志外沿 2.5cm。 3）使用场所：危险废物贮存设施为房屋的，建有围墙或防护栅栏，且高度高于 100cm 时；部分危险废物利用、处置场所
2.适用于室内外独立摆放或树立的危险废物警告标志		1）主标识要求同 2。 2）主标识背面以螺丝固定，以调整支杆高度，支杆底部可以埋于地下，也可以独立摆放，标识牌下沿距地面 120cm。 3）使用场所： （1）危险废物贮存设施建有围墙或防护栅栏的高度不足 100cm 时； （2）危险废物贮存设施为其他箱、柜等独立贮存设施的，其箱、柜上不便于悬挂时； （3）危险废物贮存于库房一隅的，需独立摆放时； （4）所产生的危险废物密封不外排存放的，需独立摆放时； （5）部分危险废物利用、处置场所
3.适用于室内外悬挂的危险废物标签		（1）危险废物标签尺寸颜色： 　　尺寸：40 cm×40cm 　　底色：醒目的橘黄色 　　字体：黑体字 　　字体颜色：黑色 （2）危险类别：按危险废物种类选择。 （3）使用场所：危险废物贮存设施为房屋的；或建有围墙或防护栅栏，且高度高于 100cm 时

续表

场合	样式	要求
4. 适合于室内外独立树立或摆放的危险废物标签		1）危险废物警告标志要求同 1 2）危险废物标签要求同 3 3）支杆距地面 120cm 4）使用场所： （1）危险废物贮存设施建有围墙或防护栅栏的高度不足 100cm 时； （2）危险废物贮存设施为其他箱、柜等独立贮存设施的，其箱、柜上不便于悬挂时； （3）危险废物贮存于库房一隅的，需独立摆放时； （4）所产生的危险废物密封不外排存放的，需独立摆放时
5. 粘贴于危险废物储存容器上的危险废物标签		1）危险废物标签尺寸颜色： 　　尺寸：20 cm×20cm 　　底色：醒目的橘黄色 　　字体：黑体字 　　字体颜色：黑色 2）危险类别：按危险废物种类选择。 3）材料为不干胶印刷品
6. 系挂于袋装危险包装物上的危险废物标签		1）危险废物标签尺寸颜色： 　　尺寸：10cm×10cm 　　底色：醒目的橘黄色 　　字体：黑体字 　　字体颜色：黑色 2）危险类别：按危险废物种类选择。 3）材料为印刷品

5. 污染治理设施

污染治理设施应保证在生产设施启动前开机，在生产设施运营全过程（包括启动、停车、维护等）保持正常运行，在生产设施停车后，将生产设施或自身存积的气态污染物全部进行净化后停机。治理设施宜与生产设施连锁。

6. 污染防治设施应做如下记录（不限于），并至少保存3年

（1）燃烧装置：过滤材料、蓄热体等质量分析数据、采购量、使用量及更换时间等，主要操作参数，用能情况，运行维护记录等。

（2）吸附装置：吸附材料种类、更换／再生周期、更换量，吸附材料的处置方式和去向，运行维护记录等。

（3）水处理装置：循环水更换添加时间和频率，水处理处置去向，运行维护记录等。

（4）其他污染控制设备，应记录其主要操作参数及运行维护事项等。

4.4.3.7 现场环境

（1）厂区地面应实施硬化，裸露部分应进行绿化，厂区内外环境卫生应保持干净整洁。车间地面应实施硬化，车间设备、墙壁保持洁净。生产现场保证环境清洁、整洁、管理有序，危险废物、废气排放点和监测点等应有明显标识。严禁堆放与生产工艺无关的物品。

（2）生产过程中无抛锚滴漏现象，对管道、接口、阀门、法兰等点位应建立巡查制度，至少1次/d定期巡查并有巡查记录。

（3）厂区污水收集和排放系统等各类污水管线设置清晰，实行雨污分流。

（4）厂区建有事故应急池并保持常空状态，事故应急池、初期雨水池、循环水池不能共用。

（5）沥青、软化油储罐设置围堰，围堰内做防渗、防腐处理。

4.4.3.8　环境管理

1）环境管理制度及操作规程上墙张贴，设立环保公示栏。

2）环境管理制度及档案资料规范化，台账资料齐全。

（1）环评审批手续（环评报告及批复，环保竣工验收报告等）。

（2）有效期内的排污许可证正副本。

（3）有效期内的监测报告。

（4）与资质公司签订的危废处置协议（涉及危险废物产生的单位），危险废物转移联单，危险废物产生管理台账。

（5）污染防治设施运行及维护台账（水、气、渣三本账齐全）。

（6）重污染天气应急预案等。

3）落实监测监控制度，污染防治设施废气进口和废气排气筒应设置永久性采样口，安装符合现行环境标准《气体参数测量和采样的固定位装置》HJ/T 1 要求的气体参数测量和采样的固定位装置，废气采样口在采样结束后及时封闭。企业每季度至少开展 1 次废气（进、出口和无组织排放）监测。

4）建立分表记电制度，污染治理设施与生产设备严格实行分表计电，确保治污设施正常运转，不因生产设备断电而影响治污设施运行，确保各项污染物稳定达标排放。

5）建立非正常工况申报管理制度，包括出现项目停产、废气废水处理设施停运、突发环保事故等情况时，企业应及时向当地环保部门进行报告并备案。

6）设置安全管理机构，配备安全管理人员，建立完善安全管理制度、安全生产岗位操作规程等，强化现场安全生产设备设施管理，安全生产标志标识到位，安全防范措施到位。

7）制定突发环境事件应急预案并在环保部门备案，每年不少于一次的应急培训和演练并记录计划方案与演练总结，应急救援物资不得挪用。

8）落实"一厂一策"制度。鼓励辖区防水卷材企业开展企业深度污染防治方案编制工作并予以落实。积极参与生产设施的提标改造和新工艺新技术的推广应用（参见本书附录）。

4.4.3.9　污染物排放标准

（1）废气执行现行国家标准《大气污染物综合排放标准》GB 16297 和地方排放标准要求。

无组织排放符合国家和地方标准要求（表4-3）。

排气筒大气污染物排放限制　　　　　　表4-3

污染物	排放浓度限值
颗粒物（mg/m³）	120
苯并（a）芘（μg/m³）	0.3
沥青烟（mg/m³）	40
非甲烷总烃（mg/m³）	120

（2）一般固体废物执行现行国家标准《一般工业固体废物贮存、处置场污染控制标准（2013 年修改）》GB 18599 及修改，危险废物执行现行国家标准《危险废物贮存污染控制标准（2013 年修改）》GB 18597。

（3）噪声按照现行国家标准《工业企业厂界环境噪声排放

标准》GB 12348 三类标准要求执行（表 4-4）。

噪声相关要求　　　　　　　表 4-4

类别	因子	单位	标准值		执行标准
			昼间	夜间	
噪声	L_{eq}	dB（A）	65	55	《工业企业厂界环境噪声排放标准》GB 12348 三类标准

如国家或地方标准修订后高于验收达标标准，按国家或地方新标准执行。

本书未尽事宜，依据相关环保法律法规及规范执行。

第5章 案例分析

5.1 A地区防水卷材企业集群全过程环境整治提升案例

2020年，A市生态环境局委托中国环境科学研究院相关团队对该市防水卷材行业开展全过程治理提升。中国环境科学研究院相关团队重点针对该市防水卷材集群从原辅材料、生产工艺过程、末端治理等全过程环境开展了专项现场调研，依托便携式监控设备、在线监测设备对企业的车间关键产污环节及厂界等关键环节进行现场检测和判断。调研企业10家，2019年工业总产值在3000万~4000万元的企业2家，1000万~3000万元的5家，1000万元以下的3家，以中等规模企业为主。针对该市防水卷材企业集群调研存在问题，编制组通过现场诊断，对标分析，关键环节检测，精准施策，最终提出防水卷材行业生产全过程污染物控制指南路径，引导并推动企业绿色发展，提升防水卷材行业全过程污染防治理念，确保区域内环境空气质量得到改善和重点工业企业实现清洁化生产。

5.1.1 现场诊断

1. 原辅材料

（1）绝大部分企业使用固体状10号沥青，大多采用人工投放（调研企业中只有一家企业的物料全部采用机械投放），且露天存放（图 5-1）。固体状沥青运输、装卸会产生碎屑污染环境；露天或者敞篷车间存放固体沥青时会产生微量的 VOCs 排放，造成环境污染及气味扩散。

图 5-1　企业固体沥青存放情况

（2）普遍使用废旧胶粉，且目数偏粗，储存不规范。使用胶粉作为卷材中辅助改性剂或一种轻质填充料，是防水企业的通用做法。防水企业应选用性能较好的轮胎胎面胶粉，目数一般在 60 目以上，部分企业要求原料为脱硫胶粉。现场调研企业发现，随处可见粗糙的粗胶粉使用痕迹，造成大量的烟气及其他污染排放（图 5-2）。

图 5-2　企业废旧胶粉储存情况

（3）大量使用渣油代替沥青。渣油成分非常复杂，存在着大量可在高温环境下挥发的芳香烃及含苯环类物质，挥发后产生异味，毒害并污染环境。

2. 过程控制

（1）绝大多数企业的沥青改性工艺温度过高，导热油温度达到240℃～260℃，废胶粉高温加热脱硫降解产生大量成分复杂、臭味明显的有机废气，且此温度已经超过了沥青开口闪点温度204.4℃，存在较大安全隐患。

（2）卷材成型工段一般均设置于塑钢结构密闭室内，废气收集系统较改性工段有所提高，一般均有基本密闭的烟罩，产生烟气的部分装有抽风口，浸油、涂油等工序产生的沥青烟气收集后经密闭管道送至沥青烟气处理系统。撒砂覆膜工序无封闭措施，收集效率低，存在逸散问题。

（3）企业现场无组织排放情况严重。大部分企业在改性搅拌罐上端的投料口投料时采用直接投放，极个别企业还在使用袋装滑石粉，造成大量粉尘飞扬，无组织排放情况严重（图5-3）。

图 5-3　企业车间状况

3. 末端治理

（1）废气处理。大多数企业采用了喷淋水洗——填料吸附——活性炭吸附的简单工艺，少数企业采用电捕焦油塔＋UV 光解。一些企业采用活性炭吸附工艺但未见更换记录，UV 灯管未及时清洁，治污效果不理想，运行管理不规范（图 5-4）。

图 5-4　企业废气处理设施

（2）废水处理。企业用于烟气喷淋洗涤的循环水未进行油水及水污分离，洗涤用水饱和后无法起到洗涤吸附的作用。

（3）固废处理。企业的烟气风量基本不低于 15000m³/h，活性炭投放量较少（一般在 150～300kg），活性炭会在短时间内饱和，无法有效发挥吸附净化的作用。

4. 环保管理

（1）大部分企业没有建立规范的台账，包括原辅材料购入量、使用量记录台账及设备检修记录等，无法掌握企业原辅材料的使用情况以及每年 VOCs 产生总量。

（2）搅拌罐、胶体磨配料工段企业配套建设污染防治设施参差不齐，未规范统一标准且未建立运行台账，部分企业现场无法看到洗涤塔循环池容量及水质情况，静电除尘废油未进行收集处置。罐体顶部设置人工加料口，经现场勘查此加料口加料后未采取有效封闭，导致大量无组织废气及恶臭气体排出。

（3）危险废物未严格按照《危险废物规范化管理指标体系》进行管理。根据环评，企业危废主要为馏出油、冷凝液、废填料、废活性炭，现场勘查发现企业危险废物种类收集不全，台账记录不完善。

（4）调研企业未按突发环境事件应急预案内容要求建设事故应急池、初级雨水收集池，未准备应急救援物资，未做到雨污分离。

（5）企业自行监测质量普遍不高，烟气检测只有排口浓度均未有入口浓度，无组织排放监控未检测臭气浓度指标。

5.1.2 主要问题

1. 无组织排放问题突出

大部分企业原材料（固体沥青、胶粉等）存储不规范，露天堆放；搅拌罐投料采用手工投放，造成大量粉尘飞扬；成型工段封闭程度不一，覆膜撒砂工序收集效率较低，逸散问题突出，无组织排放特征明显，同时也易造成安全隐患。

2. 原材料使用、生产工艺不规范

企业普遍使用劣质原料，如粗胶粉、废机油、渣油等，因劣质原材料来源不一、成分复杂，是各种污染物包括恶臭气体产生的重要来源，末端处理压力大。此外，目前企业沥青改性工艺温度普遍过高（240℃～260°C），此温度已高于沥青闪点（204.4°C），高温加热脱硫降解产生大量成分复杂、恶臭、浓度高的有机废气，同时存在较大安全隐患。

3. 治污设施简易低效

部分调研企业采用低效废气治理技术，治污设备的低温等离子、UV 的关键技术参数，如有效波长占比、基板电压、电流、单元数量等无法获取，且根据治理设备尺寸和风机参数，初步判断废气在治理设备内停留时间不足，导致 VOCs 处理效率较低，一般不会超过 30%，处理效果不明显。

4. 运行管理不规范

调研企业缺乏精细化管理，普遍存在管理制度不健全、操作规程未建立、人员技术能力不足等问题。一些企业的活性炭吸附工艺，没有相关耗材的使用与更换记录，导致吸附饱和后的活性炭有可能又脱附，所吸附的物质重新释放至大气中。

5. 监测监控不到位

企业废气监测报告无进口浓度的监测数据，未检测无组织排放臭气浓度。部分调研企业对于 VOCs 的监测报告时间都已超过 1 年以上，仅在废气处理设施安装验收后监测过一次。

5.1.3 总体建议

（1）加强治理"散乱污"企业。规范防水卷材企业资质审核，要求企业办理工商执照等资质，督促企业办理必需的环保手续，强化无组织排放管控，推进安全、环保不达标的企业关闭或搬迁。

（2）加强无组织排放控制。通过采取设备与场所密闭、工艺改进、废气有效收集等措施，削减无组织排放。

生产过程中沥青、软化油（基础油、芳烃油、机油等）等液态原辅材料的运输、装卸、储存、输送、加热、搅拌等过程应全密闭。滑石粉、重钙等矿物粉料的运输、装卸和投加应全过程封闭。

采用全密闭、连续化、自动化等生产技术，鼓励企业采用液下加（投）粉体原料的设备工艺，提高液料和粉料的混合分散效率，降低环保设备管道中粉尘的吸入量，减少废气排放。

对配料罐、浸油槽等产生沥青烟气的环节或区域进行密封，沥青烟、颗粒物、VOCs等排放工段和设备必须配备集气装置。应采用集气效率高的集气罩，保持罩口呈微负压状态，且罩内负压均匀。应按照现行国家标准《排风罩的分类及技术条件》GB/T 16758规定的方法测量控制风速，测量点应选取在距集气罩开口面最远处的VOCs无组织排放位置，控制风速不应低于0.3m/s；排风罩（集气罩）设计应满足现行国家标准《排风罩的分类及技术条件》GB/T 16758要求。

（3）废气处理应采用高效治理设施。根据废气组成、浓度、风量等参数选择适宜的技术，对高浓度废气，优先采用冷凝、吸收、吸附等组合技术进行回收利用，并辅以其他治理技术实现达标排放；难以回收的废气，宜采用燃烧法等技术处理；低温等离子、光催化、光氧化技术主要适用于恶臭异味等治理。

（4）强化环保监督管理。企业每年至少开展 1 次废气处理设施进、出口监测和无组织排放浓度监测，监测指标须包含颗粒物、苯并（a）芘、沥青烟、非甲烷总烃、恶臭等指标。相关环保部门每半年对辖区内防水卷材企业开展废气监督性监测。鼓励企业配备便携式大气污染物快速检测仪等设备，及时了解掌握排污状况。推进生产设施与污染防治设施"分表计电"。企业的每套污染治理设备及其对应的生产设施均应独立安装智能电表，并与区重点企业在线督查系统联网。

（5）推进企业集群升级改造。培育、扶持、树立区域内防水卷材行业标杆企业，引领集群转型升级；规模小、环保水平较低的家庭作坊式企业，尽量与较大型企业兼并重组，减少区域环境污染压力；工艺不齐整、设备较落后的小微企业，鼓励横向联合，打造闭环式产业链，加快生产工艺改造和技术升级。

（6）推行园区化集中管理。在防水卷材企业较集中的地区，将污染量大的企业集中到统一的园区，对 VOCs 治理实施园区化的管理模式，优化产业布局，促进技术升级及 VOCs 的统一治理。

5.2　B 地区防水卷材企业集群全过程环境整治提升案例

2020 年 5 月，B 市生态环境局委托中国环境科学研究院相关团队对该市防水卷材行业开展全过程治理提升。中国环境科学研究院相关团队重点针对该市防水卷材集群从原辅材料、生产工艺过程、末端治理等全过程环境开展了专项现场调研，依托便携式监控设备、在线监测设备对企业的车间关键产污环节及厂界等关键环节进行现场检测和判断。调研企业 15 家，2019年工业总产值在 5000 万元以下的企业 9 家，500 万～1 亿元的3 家，1 亿元以上的 2 家，1 家企业暂无相关数据，以中等规模企业为主。针对该市防水卷材企业集群调研存在问题，中国环境科学研究院相关团队通过现场诊断、对标分析、关键环节检测，最终提出防水卷材行业生产全过程污染物控制指南路径，引导并推动企业绿色发展，提升防水卷材行业全过程污染防治水平。

5.2.1　现场诊断

1. 原辅材料

（1）大部分企业使用液态沥青，个别使用固体状 10 号沥青，并露天存放（图 5-5）。固体状沥青运输、装卸会产生碎屑遗撒飞扬污染环境。露天或者敞篷车间存放固体沥青时会产生微量的 VOCs 排放，现场使用地槽加热熔化 10 号固体沥青，会造成无组织排放污染环境及气味扩散。经调研，相当一部分企业使用地炼小炼厂的沥青。小炼厂沥青一般都达不到国有大炼厂沥青产品稳定程度和性能指标，且因提炼技术的差异和原料波动，造成沥青组成成分更趋复杂，加大了末端环保处理的难度。

（2）大部分企业大量使用废胶粉，且目数普遍偏粗（图 5-6）。

图 5-5 企业沥青存储状况

使用胶粉作为卷材中辅助改性剂或一种轻质填充料，是防水企业的通用做法。防水企业应选用性能较好的轮胎胎面胶粉，目数一般在 60 目以上，部分企业更要求原料为脱硫胶粉。现场检查发现，几乎所有企业均未见改性剂使用痕迹（中石化及 LG 化学生产的热塑性丁苯橡胶），随处可见粗糙的粗胶粉，而粗胶粉的使用会产生大量的烟气及恶臭气体。

图 5-6 企业废胶粉使用情况

（3）生产撒砂撒矿物质粒料（俗称岩片）卷材时，企业使用河沙及天然岩石破碎成的岩片（图5-7）。河沙和天然岩片中，含有大量的粉尘。一方面，因为粉尘的存在造成其与胶料黏结强度下降。另一方面，生产过程中大量粉尘飞扬，造成环境污染。

图5-7　企业岩片存储情况

（4）部分企业车间中储存复合胎（图5-8）。行业中符合标准的胎体有两种：聚酯胎和玻纤胎。使用复合胎生产卷材为非标产品，非标产品价格低，质量无法达到国标，使用的原料也多以小厂沥青、废胶粉、废机油为主。

图5-8　企业复合胎样品

2. 过程控制

（1）部分企业改性车间配料罐密闭不严，存在着无组织排放现象，烟气附着顶板造成颜色发黄；沥青管道、胶体磨、沥青泵也存在着较为严重的泄漏问题，造成无组织排放（图5-9）。

图 5-9　企业车间情况

（2）浸油涂油工段一般均设置于密闭室内，但大多数企业生产线后端撒砂覆膜工序未设置烟罩或软帘进行密封，收集效率较低，存在逸散问题（图5-10）。

图 5-10　企业浸油涂油工段操作车间

（3）企业现场存在无组织排放现象。大部分企业已采用自动投料，但管道投料口未设置除尘设施；个别企业仍在改性搅拌罐上端投料时采用人工投放；极个别企业还存在使用袋装滑石粉，造成大量粉尘飞扬，无组织排放情况严重（图 5-11）。

图 5-11　企业车间生产环境状况

（4）部分卷材成品无包装，且露天存放（图 5-12）。特别是夏季，无包装的卷材露天存放会散发气味，对环境有一定影响。

图 5-12　企业卷材露天存放情况

3. 末端治理

（1）废气处理。绝大多数企业均采用了喷淋水洗——电捕捕集——UV 光解工艺，个别企业采用 RTO 蓄热式焚烧炉（图 5-13）。现场调研时个别企业因电捕塔风速过快，捕集不充分或者来不及完全捕集即排出。一些企业 UV 光管清洗不及时，治污效果不理想，运行管理不规范。

图 5-13　企业废气治理设施

（2）废水处理。喷淋水处理不完善，企业配有相应脱污、脱油设施，未设脱味装置，且用于烟气喷淋洗涤的循环水池封闭不到位，造成臭味浓度较大。

（3）固废处理。大多数企业环评报告中识别的危险废弃物仅为废导热油、废机油，监管部门允许废导热油回用于生产，但多数未见台账记录。沥青卷材生产企业产生的如废活性炭、含油废水、含油污泥、含油沾染物、清洁搅拌罐产生的少量沥青渣等未作识别。

4. 环保管理

（1）大部分企业未建立规范的台账，包括原辅材料购入量、使用量记录台账及设备检修记录等，无法掌握企业原辅材料的使用情况以及每年 VOCs 产生总量。

（2）搅拌罐、胶体磨配料工段企业配套建设污染防治设施参差不齐，未规范统一标准且未建立运行台账，部分企业现场无法看到洗涤塔循环池容量及水质情况，静电除尘废油未进行收集处置。罐体顶部设置人工加料口，加料口加料后未采取有效封闭，导致大量无组织废气及恶臭气体排出。

（3）危险废物未严格按照《危险废物规范化管理指标体系》进行管理。根据环评，企业危废主要为馏出油、冷凝液、废活性炭等，现场勘查发现企业危险废物种类收集不全，台账记录不完善。

（4）企业未严格按突发环境事件应急预案内容要求建设事故应急池、初级雨水收集池，未准备应急救援物资等。

（5）企业自行监测质量普遍不高，烟气检测只有排口浓度均无入口浓度，未检测臭气浓度指标。

5.2.2 主要问题

1. 原辅材料使用、生产工艺不规范

企业使用废橡胶粉等不规范原材料，因其来源不一、成分复杂，是各种污染物包括恶臭气体产生的重要来源，造成末端处理压力大。部分企业仍采用人工开盖直接投料，搅拌罐开盖造成烟气外溢，且存在安全隐患。个别使用固体沥青企业加温过高（200℃），高温加热脱硫降解产生大量成分复杂、臭味大

的有机废气，同时存在较大安全隐患。

2. 治污设施效率低

部分调研企业采用低效废气治理技术，治污设备的低温等离子、UV 关键技术参数，如有效波长占比、基板电压、电流、单元数量等无法获取，UV 灯管未及时清理导致 VOCs 处理效率较低，处理效果不理想。喷淋水处理不完善，无除味装置，烟气喷淋洗涤循环水池未完全封闭，造成臭味逸散。

3. 运行管理不规范

企业缺乏精细化管理，普遍存在管理制度不健全、操作规程未建立、人员技术能力不足等问题。大部分企业未建立规范的台账，包括原辅材料购入量、使用量记录台账及设备检修记录等，环保设备没有相关耗材的使用与更换维护记录。

4. 监测监控不到位

企业废气监测报告无进口浓度的监测数据，部分调研企业对于 VOCs 的监测报告时间都已超过 1 年以上，仅在废气处理设施安装验收后监测过一次。

5. 无组织排放问题突出

大部分企业原材料（固体沥青、胶粉等）存储不规范，露天堆放，液体沥青储罐呼气阀未连接至废气处理系统，矿物粉料仓周围遗撒严重；个别企业搅拌罐投料采用手工投放，造成大量粉尘飞扬，无组织排放问题突出，易造成安全隐患；卷材成型设备普遍存在烟气外溢，涂油池至撒砂覆膜工序烟气收集效率低。

5.2.3 总体建议

（1）规范原辅材料使用。推进源头削减，选用高等级国标石油沥青，减少橡胶粉使用，禁止使用废机油作为软化油。

（2）加强无组织排放控制。通过采取设备与场所密闭、工艺改进、废气有效收集等措施，削减无组织排放。

生产过程中沥青、软化油（基础油、芳烃油、机油等）等液态原辅材料的运输、装卸、储存、输送、加热、搅拌等过程应全密闭。滑石粉、重钙等矿物粉料的运输、装卸和投加应全过程封闭。

采用全密闭、连续化、自动化等生产技术，鼓励企业采用液下加（投）粉体原料的设备工艺，提高液料和粉料的混合分散效率，降低环保设备管道中粉尘的吸入量，减少废气排放。

对配料罐、浸油槽等产生沥青烟气的环节或区域进行密封，沥青烟、颗粒物、VOCs 等排放工段和设备必须配备集气装置。应采用集气效率高的集气罩，保持罩口呈微负压状态，且罩内负压均匀。应按照现行国家标准《排风罩的分类及技术条件》GB/T 16758 规定的方法测量控制风速，测量点应选取在距集气罩开口面最远处的 VOCs 无组织排放位置，控制风速不应低于0.3m/s；排风罩（集气罩）设计应满足现行国家标准《排风罩的分类及技术条件》GB/T 16758 要求。

（3）废气处理应采用高效治理设施。根据废气组成、浓度、风量等参数选择适宜的技术，废气全部收集去除颗粒物（沥青烟）后，优先采用燃烧工艺进行处理，推荐采用吸附、静电、冷凝、低温等离子、光催化氧化等组合技术进行处理，实现达标排放。

（4）强化环保监督管理。企业每年至少开展 1 次废气处理设施进、出口监测和无组织排放浓度监测，监测指标须包含颗粒物、苯并（a）芘、沥青烟、非甲烷总烃、恶臭等指标。环保部门每半年对辖区内防水卷材企业开展废气监督性监测。鼓励企业配备便携式大气污染物快速检测仪等设备，及时了解掌握排污状况。推进生产设施与污染防治设施"分表计电"。企业的每套污染治理设备及其对应的生产设施均应独立安装智能电表，并与区重点企业在线督查系统联网。

（5）推进企业集群升级改造。培育、扶持、树立区域内防水卷材行业标杆企业，引领集群转型升级；规模小、环保水平较低的家庭作坊式企业，尽量与较大型企业兼并重组，减少区域环境污染压力；工艺不齐整、设备较落后的小微企业，鼓励横向联合，打造闭环式产业链，加快生产工艺改造和技术升级。

附　录

防水卷材行业企业环境提升对照表

类别	序号	环节	方案	企业现状	符合情况
（一）合规性要求	1	环评和"三同时"	严格执行环境影响评价制度和"三同时"验收制度，获得环评批复，并通过"三同时"验收		
	2	排污许可	依法办理排污许可证，进行排污许可证登记，并按照排污许可证的规定排放污染物		
	3	安全生产	安全生产"三同时"执行到位		
（二）原辅材料要求	4	沥青	应选用高等级国标石油沥青或防水专用沥青，禁止使用煤沥青和煤焦油		
	5	软化油	禁止使用废机油作为软化油		
	6	改性剂	应采用苯乙烯－丁二烯－苯乙烯（SBS）热塑性弹性体、无规聚丙烯（APP）塑性体或其他功能相类似的热塑性弹性体及塑性体作石油沥青改性剂		
	7	胶粉	减少胶粉的使用		

类别	序号	环节	方案	企业现状	符合情况
（三）物料储存及使用	8	沥青	液体沥青运输、储存、装卸等过程密闭。卸沥青槽密闭，沥青采用密闭管道输送投加，沥青槽及沥青储罐废气经密闭收集引至废气处理系统。固体沥青应储存于原料库内，采取密闭或覆盖等抑尘措施，禁止露天堆放。禁止敞开式卸料		
	9	粉体料	滑石粉等粉体料装卸过程采用密闭管道输送投加，滑石粉储罐呼吸口安装粉尘收集装置，储罐顶部及罐体周边无滑石粉撒落。鼓励安装粉料仓料位高位报警装置，防止发生爆仓造成粉尘逸散		
	10	软化油	软化油等液态VOCs物料应采用密闭管道输送投加，储存、装卸等过程密闭，采用非管道运输方式转移时，应采用密闭容器、罐车，卸车连接口密封，无明显气味，无跑冒滴漏现象		
	11	其他物料	砂、页岩片等矿物粉粒状物料的转移、输送、装卸过程中产尘点应采用袋式除尘、滤筒除尘等工艺处理。除尘器卸灰口应采取遮挡等抑尘措施，除尘灰不得直接卸落到地面。除尘灰采取袋装、罐装等密闭措施收集、存放和运输		

续表

类别	序号	环节	方案	企业现状	符合情况
（三）物料储存及使用	12	仓库储存	原辅材料、成品等应在仓库储存，分类存放，禁止露天堆存，仓库应硬化地面。鼓励企业在仓库安装集气系统，将无组织逸散的 VOCs 导入废气收集处理设备		
	13	挥发性有机液体储罐	符合储罐控制要求		
			符合储罐运行维护要求		
（四）工艺过程	14	配料工段	采用全密闭、连续化、自动化等生产技术，以及高效工艺与设备等，禁止采用人工开盖直接投料方式，减少工艺过程无组织排放。鼓励企业采用液下加（投）粉体原料的设备工艺，提高液料和粉料的混合分散效率，降低环保设备管道中粉尘的吸入量，减少废气排放		
	15		熔化池密闭。胶粉、改性剂等使用螺旋绞龙或斗式提升机等密闭输送设备，上料斗料口处应安装粉尘收集装置。滑石粉经密闭管道由计量泵输入搅拌罐内		
	16		搅拌罐密封，搅拌罐内工艺温度不超过 200℃，应在每个密封式搅拌罐的罐壁设置单独的温控装置		
	17		根据工艺要求，在搅拌罐下部或循环管路上安装沥青专用取样阀，避免半成品和成品取样时打开配料罐或观察口盖造成沥青烟气无组织排放		

续表

类别	序号	环节	方案	企业现状	符合情况
（四）工艺过程	18	配料工段	搅拌罐内废气密闭收集，引至废气处理系统		
	19	浸油、涂布工段	浸油、涂布工序密闭，密闭设施应尽量贴近浸油池、涂油池等形成全密闭作业空间，鼓励塑钢结构二次密闭		
	20		车间废气捕集率不低于90%		
	21	撒砂、覆膜工段	撒砂、覆膜工序密闭，撒砂覆膜机应置于密闭空间内，确实无法密闭的，应在产生烟气部位或设备安装高效集气装置等措施，废气捕集率不低于90%		
	22		涂油池至撒砂覆膜区间密闭，无法密闭的，采取局部气体收集措施，废气排至废气收集处理系统		
（五）废气收集	23	集/排气罩	应考虑生产工艺、操作方式、废气性质、处理方法等因素，对VOCs废气进行分类收集		
	24		废气收集系统排风罩（集气罩）的设置应符合现行国家标准《排风罩的分类及技术条件》GB/T 16758的规定。采用外部排风罩的，应按现行国家标准《排风罩的分类及技术条件》GB/T 16758、规定的方法测量控制风速，测量点应选取在距排风罩开口面最远处的VOCs无组织排放位置，控制风速不应低于0.3m/s		

类别	序号	环节	方案	企业现状	符合情况
（五）废气收集	25	废气输送	废气收集系统的输送管道应密闭。废气收集系统应在负压下运行，若处于正压状态，应对输送管道组件的密封点进行泄漏检查，泄漏检测值不应超过500μmol/mol，亦不应有感官可察觉泄漏		
	26		气体收集与输送应满足现行环境标准《大气污染治理工程技术导则》HJ 2000的要求，集气方向与污染气流运动方向一致，管路应有明显的颜色区分及走向标识		
	27		所有气体收集管路不得有破损，管线连接处需有密封垫等密封措施		
	28		废气收集系统应与生产工艺设备同步运行。VOCs废气收集处理系统发生故障或检修时，对应的生产工艺设备应停止运行，待检修完毕后同步投入使用；生产工艺设备不能停止运行或不能及时停止运行的，应设置废气应急处理设施或采用其他替代措施		
	29	排气筒	排气筒高度不低于15m，具体高度以及与周围建筑物的相对高度关系应根据环境影响评价文件确定		
（六）污染防治设施	30	废气处理	优先采用燃烧工艺处理，推荐采用水洗、电捕、冷凝、活性炭吸附等组合技术处理，废气排放满足现行国家标准《大气污染物综合排放标准》GB 16297要求		

类别	序号	环节	方案	企业现状	符合情况
（六）污染防治设施	31	除尘器	除尘器在日常使用过程中，应至少两周进行1次检查和清灰，以保证除尘器的正常运转和使用，任何时候粉尘沉积厚度不应超过3.2mm		
	32	废水处理	含油废水禁止外排。循环水池应密闭，现场无明显异味。建议增加废水处理系统（油水、水污分离等）进一步处理喷淋洗涤循环水，并做好收集处理等台账记录		
	33	固废处理处置	一般固体废弃物包括废包装材料、除尘灰、生活垃圾等，按照国家规范要求建设一般固体废物贮存场所，分类贮存。危险废物的贮存应符合现行国家标准《危险废物贮存污染控制标准（2013年修订）》GB 18597的相关规定，危险废物贮存场所应严格按照《危险废物贮存污染控制标准（2013年修订）》要求建设。贮存场所应设置危废标识，执行双人双锁制度，危险废物应统一交由资质处置单位处置，做好收集转移台账记录		
	34	运行管理	污染治理设施应保证在生产设施启动前开机，在生产设施运营全过程（包括启动、停车、维护等）保持正常运行，在生产设施停车后，将生产设施或自身存积的气态污染物全部进行净化后停机。治理设施宜与生产设施连锁		

类别	序号	环节	方案	企业现状	符合情况
（六）污染防治设施	35	运行管理	污染防治设施应做如下记录（包括但不限于），并至少保存3年。 1）燃烧装置：过滤材料、蓄热体等质量分析数据、采购量、使用量及更换时间等，主要操作参数，用能情况，运行维护记录等。 2）吸附装置：吸附材料种类、更换/再生周期、更换量，吸附材料的处置方式和去向，运行维护记录等。 3）水处理装置：循环水更换添加时间和频率，水处理处置去向，运行维护记录等。 4）其他污染控制设备，应记录其主要操作参数及运行维护事项等		
（七）污染物排放控制要求	36	排放口排放限值	颗粒物排放浓度≤120mg/m³		
			苯并（a）芘排放浓度≤0.3μg/m³		
			沥青烟排放浓度≤40mg/m³		
	37	VOCs无组织排放限值	非甲烷总烃排放浓度（企业边界）≤2.0mg/m³		
			非甲烷总烃排放浓度（生产车间或生产设备边界）≤4.0mg/m³		
（八）现场环境	38	厂区车间现场	厂区地面应实施硬化，裸露部分应进行绿化，厂区内外环境卫生应保持干净整洁。车间地面应实施硬化，车间设备、墙壁保持洁净。生产现场保证环境清洁、整洁、管理有序，危险废物、废气排放点、监测点等应有明显标识。严禁堆放与生产工艺无关的物品		

续表

类别	序号	环节	方案	企业现状	符合情况
（八）现场环境	39	检查维修	生产过程中无跑冒滴漏现象，对管道、接口、阀门、法兰等点位应建立巡查制度，至少1次/d定期巡查并有巡查记录		
	40	雨污分流	厂区污水收集和排放系统等各类污水管线设置清晰，实行雨污分流		
	41	事故应急池	厂区建有事故应急池并保持常空状态，事故应急池、初期雨水池、循环水池不能共用		
	42	围堰	沥青、软化油储罐设置围堰，围堰内做防渗防腐处理		
（九）环境管理	43	公示牌	环境管理制度及操作规程上墙张贴，设立环保公示栏		
	44	台账资料	环境管理制度及档案资料规范化，台账资料齐全。 1）环评审批手续（环评报告及批复，环保竣工验收报告等）。 2）有效期内的排污许可证正副本。 3）有效期内的监测报告。 4）与资质公司签订的危废处置协议（涉及危险废物产生的单位），危险废物转移联单，危险废物产生管理台账。 5）污染防治设施运行及维护台账（水、气、渣三本账齐全）。 6）重污染天气应急预案等		

类别	序号	环节	方案	企业现状	符合情况
（九）环境管理	45	监测	落实监测监控制度，污染防治设施废气进口和废气排气筒应设置永久性采样口，安装符合现行环境标准《气体参数测量和采样的固定位装置》HJ/T 1要求的气体参数测量和采样的固定位装置，废气采样口在采样结束后及时封闭。企业每季度至少开展1次废气（进、出口和无组织排放）监测		
	46	分表计电	建立分表记电制度，污染治理设施与生产设备严格实行分表计电，确保治污设施正常运转，不因生产设备断电而影响治污设施运行，确保各项污染物稳定达标排放		
	47	非正常工况申报	建立非正常工况申报管理制度，包括出现项目停产、废气废水处理设施停运、突发环保事故等情况时，企业应及时向当地环保部门进行报告并备案		
	48	安全管理	设置安全管理机构，配备安全管理人员，建立完善安全管理制度、安全生产岗位操作规程等，强化现场安全生产设备设施管理，安全生产标志标识到位，安全防范措施到位		
	49	应急预案	制定突发环境事件应急预案并在环保部门备案，每年不少于1次的应急培训和演练并记录计划方案与演练总结，应急救援物资不得挪用		

续表

类别	序号	环节	方案	企业现状	符合情况
（九）环境管理	50	一厂一策	落实"一厂一策"制度。鼓励辖区防水卷材企业按照附表要求开展企业深度污染防治方案编制工作并予以落实。积极参与生产设施的提标改造和新工艺新技术的推广应用		
（十）污染物排放控制要求	51	排放口排放限值	颗粒物排放浓度≤120mg/m³		
			苯并(a)芘排放浓度≤0.3μg/m³		
			沥青烟排放浓度≤40 mg/m³		
			非甲烷总烃≤80 mg/m³		
	52	VOCs无组织排放限值	非甲烷总烃排放浓度（企业边界）≤2.0mg/m³		
			非甲烷总烃排放浓度（生产车间或生产设备边界）≤4.0mg/m³		
	53	固体废物	一般固体废物执行现行国家标准《一般工业固体废物贮存、处置场污染控制标准》GB 18599 及修改单，危险废物执行《危险废物贮存污染控制标准》GB 18597（2013 年修订）		
	54	噪声	噪声执行现行国家标准《工业企业厂界环境噪声排放标准》GB 12348 3 类标准要求		

备注：如涉及的国家、地方和行业标准、政策进行了修订，则按修订后的新标准、新政策执行。

参 考 文 献

［1］沈春林. 国内外防水材料的现状与发展概况［J］. 工业建筑，2000（9）：1-4，11.

［2］胡骏. 我国建筑防水工程质量问题综述［J］. 中国建筑防水，2013（10）：1-7.

［3］王澜，尚华胜，章丹铭. 建筑防水行业职业技能培养：现状、问题与发展［J］. 中国建筑防水，2018（4）：38-41.

［4］慕柳. 2015年日本防水行业问卷调查报告摘录［J］. 中国建筑防水，2016（12）：38-41.

［5］中国建筑材料联合会，中国建筑防水协会. 建筑防水行业新一代改性沥青防水卷材生产技术装备创新研发攻关行动方案［N］. 中国建材报，2020-05-21（001）.

［6］毛三鹏，张生泉，郑贵涛，等. 国内防水沥青的技术现状与发展趋势［J］. 中国建筑防水，2019（11）：1-4.

［7］马燕，陈颉. SBS防水卷材最大峰拉力和延伸率试验结果的研究［J］. 安徽建筑，2019，26（6）：186-189.

［8］杨斌，朱志远，陈斌，等.《沥青防水卷材用胎基》国家标准的修订［J］. 中国建筑防水，2019（S1）：39-45.

［9］牧保文. 高聚合度PVC防水卷材的开发［J］. 聚氯乙烯，2018，46（11）：24-25，28.

［10］叶吉. 高分子自粘胶膜防水卷材及其预铺反粘技术的应用

和发展 [D]. 武汉：湖北工业大学，2018.

［11］谢聪. 浅谈高分子防水卷材的应用 [J]. 中国高新区，2017（20）：17.

［12］苑学珍，梁智胜. TPO 防水卷材的生产工艺及特点探析 [J]. 科技资讯，2018，16（2）：94，96.

［13］张志宇. 浅谈自粘型防水卷材的材料特点和施工工艺 [J]. 郑铁科技，2017（2）：50-52.

［14］朱志远. 2016 版《建筑防水卷材生产许可证实施细则》修订要点解读 [J]. 中国建筑防水，2017（4）：1-5.

［15］尚华胜，王欣宇. 行业标准 JC/T 1072《防水卷材生产企业质量管理规程》解读 [J]. 中国建筑防水，2016（24）：21-25.

［16］冯春妍，李成帅，崔伟杰. SBS 弹性体改性沥青防水卷材与聚乙烯丙纶复合防水卷材的对比与应用 [J]. 中国建材科技，2016，25（5）：163-164，169.

［17］崔伟杰，冯春妍，李成帅. 我国建筑防水卷材质量现状 [J]. 中国建材科技，2016，25（5）：165-166.

［18］曾新龙. 环保改性沥青胶料防水卷材的研制及性能研究 [J]. 中国建筑防水，2016（20）：17-19.

［19］骆晓彬. 预铺防水卷材（高分子自粘胶膜）[Z]. 四川蜀羊防水材料有限公司，2016.

［20］张中华. 具有隔音、隔热和防水功能的自粘防水卷材的研发 [J]. 中国建筑防水，2016（16）：7-9，12.

［21］张军. 一种耐高温、超低温 SBS 改性沥青防水卷材的研制 [J]. 中国建筑防水，2016（14）：10-13.

[22] 郝晓霞，王新，彭德强，等. 防水卷材沥青烟气治理技术 [J]. 中国建筑防水，2016（2）：31-34，45.

[23] 黄刚. 改性沥青防水卷材高速生产线设计 [J]. 中国建筑防水，2016（1）：38-41.

[24] 胡俊波，郭威，王鹏飞，等. 弹性体改性沥青防水卷材沥青烟污染防治技术探讨 [J]. 河南建材，2015（6）：9-11.

[25] 孙成伦，刘德朋，刘俊龙. TPO 防水卷材的加工工艺及特点 [J]. 塑料科技，2015，43（6）：61-64.

[26] 肖鹏. 高性能废胶粉-树脂基热塑性弹性体的制备、结构与性能研究 [D]. 北京：北京化工大学，2015.

[27] 黎亚青. 天然沥青制备防水卷材的试验研究 [D]. 沈阳：沈阳建筑大学，2015.

[28] 赵飞. 改性沥青防水卷材行业如何实现清洁生产 [J]. 四川建材，2014，40（4）：12-14.

[29] 马玉凤，张国珍，李藏哲. 页岩粉在改性沥青防水卷材中的应用研究 [J]. 中国建筑防水，2014（10）：19-21，28.

[30] 吕萍，赵飞. 四川省建筑防水卷材行业现状及发展建议 [J]. 四川建筑，2014，34（2）：221-223.

[31] 王文斌，王晓莉，杨胜，等. 防水卷材用 TPO 材料毛细管流变性能研究 [J]. 中国建筑防水，2014（8）：7-9，20.

[32] 王兵部，邓恩强.《建筑防水卷材产品生产许可证实施细则》（2013 版）解读 [J]. 标准科学，2014（3）：41-44.

[33] 巢文革. 防水卷材用改性沥青制备装备配置及节能环保技术 [J]. 中国建筑防水，2014（5）：40-45.

[34] 侯本申，李鹏，蒋雅君. 我国高聚物改性沥青防水卷材专

利技术综述 [J]. 新型建筑材料, 2013, 40 (9): 65–68.

[35] 朱志远. 新版《建筑防水卷材产品生产许可证实施细则》解读 [J]. 中国建筑防水, 2013 (14): 1–8.

[36] 徐茂震, 李文志, 闫鹏, 等. 自粘防水保温复合卷材的研制及应用 [J]. 中国建筑防水, 2013 (9): 8–10.

[37] 蒋勤逸, 孙飞跃. APP 改性沥青耐根穿刺防水卷材的研发与应用 [J]. 上海建材, 2013 (1): 18–20.

[38] 何万清, 聂磊, 李靖, 等. 沥青基防水卷材生产过程污染及控制对策 [C] // 中国环境科学学会. 2012 中国环境科学学会学术年会论文集 (第三卷). 北京: 中国农业大学出版社, 2012.

[39] 佚名. 北京市防水材料使用状况和发展调研 [C] // 中国建筑学会施工与建材分会防水技术专业委员会秘书处. 防水工程与材料《会讯》第 1 期 (总 126 期). 技术专业委员会, 2012: 12.

[40] 曾新龙, 马志远. 强力交叉膜改性沥青自粘防水卷材性能研究 [J]. 中国建筑防水, 2012 (1): 14–16, 32.

[41] 湖北永阳防水材料股份有限公司. 弹性体 (SBS) 改性沥青防水卷材 (Ⅱ型) [Z]. 2012.

[42] 杭州金屋防水材料有限公司. 塑性体 (APAO) 改性沥青防水卷材 [Z]. 2012.

[43] 杭州金屋防水材料有限公司. 弹性体 (SBS) 改性沥青防水卷材 [Z]. 2012.

[44] 山东汇源建材集团有限公司. 自粘聚合物聚酯胎改性沥青防水卷材 [Z]. 2012.

［45］黄刚. 改性沥青防水卷材生产工艺——胎体搭接新技术研究［J］. 中国建筑防水，2011（13）：37–39.

［46］汪多仁. 三元乙丙橡胶防水卷材的开发与应用［J］. 世界橡胶工业，2011，38（2）：42–43.

［47］中国建筑材料工业协会. 弹性体改性沥青防水卷材：GB 18242—2008［S］. 北京：中国标准出版社，2009.

［48］中国建筑材料工业协会. 塑性体改性沥青防水卷材：GB 18243—2008［S］. 北京：中国标准出版社，2008.

［49］国家建筑材料工业局. 氯化聚乙烯防水卷材：GB 12953—2003［S］. 北京：中国标准出版社，2003.

［50］中国建筑材料联合会. 聚氯乙烯（PVC）防水卷材：GB 12952—2011［S］. 北京：中国标准出版社，2012.

［51］中国建筑材料联合会. 改性沥青聚乙烯胎防水卷材：GB 18967—2009［S］. 北京：中国标准出版社，2009.